U0157134

宁波帮人文系列

江城印记

宁波帮与武汉近代建筑

宁波帮博物馆 编　　康京京 陈茹 谢振声 编撰

宁波出版社
NINGBO PUBLISHING HOUSE

目 录

概　述

武汉，素有“九省通衢”之称，是中国内陆最大的水陆空交通枢纽和长江中游航运中心。此外，汉口是19世纪中叶中俄万里茶道的起点，这一特殊而重要的地理因素使这座城市成为中西文化交流的关键。

中俄万里茶道是指17世纪至20世纪中叶中国茶叶经陆路输出至俄国等欧洲国家的贸易路径，全长1.3万公里。万里茶道初为中国南北文化交流之路，逐步演变为中西文化的对话之路[1]。1861年，汉口被开辟为通商口岸，西方力量借由诸如万里茶道运输线路等多种途径到达汉口，随之而来的还有西方工业，这成为武汉近代工业的重要开端，工业的发展也带来了近代城市规划和市政管理。在西方国家坚船利炮的胁迫下，清朝政府同意英、法、德、美、俄、比、奥、日等国家，在中国的11个城市建立25个租界。其中，汉口的英、法、德、美、俄五国租界面积，在上海、

[1]　武汉市国家历史文化名城保护委员会编：《中俄万里茶道与汉口》，武汉出版社，2014年，第43页。

天津之后，位居第三。这三座城市聚集了全国大部分的外国领事馆、银行、企业和洋行，因此，租界里建造的欧式建筑不仅数量较多，而且几乎囊括了欧洲近代建筑的主要形式。这些建筑采用近现代建筑材料和施工工艺，很多成为建筑经典。

在这一历史进程中，善于观察局势、勇于开拓创新的宁波帮营造业人士纷纷来到武汉，创办营造厂或土木厂，投身于武汉的建筑设计、建设，促进了武汉建筑由传统向近代的转型。1898年，定海人周昆裕在汉口建立明锠裕木厂（后改为明锠裕营造厂）。1908年，鄞县人沈祝三创办汉协盛营造厂。同年成立的还有项惠卿的汉合顺营造厂，康炘生的康生记营造厂。1914年，余姚人魏清涛创办魏清记营造厂汉口分厂。1922年，李祖贤与人合办六合贸易工程公司，并于1935年在汉口登记执行土木建筑业务技师，开拓在汉业务。1925年，钟延生在汉口创办钟恒记营造厂。设计领域有宁波籍“建筑泰斗”庄俊、定海人卢镛标、鄞县人王信伯和沈中清。这些宁波籍营造商和设计师从自身领域出发，不仅为武汉这座城市留下了丰硕的建筑财富，还留下了宝贵的精神财富。在这一历程中，宁波籍营造商和设计师所体现的诚信、开拓、创新的精神，与这些“凝固的历史”一起，在时间的长河中散发着永恒的光芒，启迪、感召着越来越多人，了解宁波帮历史，传承宁波帮精神。

一、宁波帮与武汉的历史渊源

宁波人的足迹遍布全球。《鄞县通志》中提及：“至五口通商后，邑人足迹遍履全国、南洋、欧美各地，财富日增。”上海是宁波人向外发展的第一站，也是宁波帮形成并快速鼎盛的大本营。到19世纪末，在上海活动的宁波人已颇具规模，达数千人之多。对于上海多领域的操纵，使得宁波人拥有更多的技术和资本将足迹沿长江流域向上游延伸，乃至全国各地。上海、北京、天津、武汉等各主要经济区域都能看到宁波人的身影。

武汉市是湖北省省会，中国历史文化名城，华中地区和长江中游的经济、文化、信息中心。武汉是武昌、汉阳、汉口（即“武汉三镇”）的合称，其演变经历了漫长的历史过程。直至中华人民共和国成立，汉口、武昌、汉阳（县府所在地及邻近地区）合并为武汉市（原汉阳县治所迁至蔡甸，保留县的建制），武汉市人民政府设在汉口。至此，武汉三镇才名副其实地合三为一。

在武汉漫长的城市发展史中，不难发现宁波人的身影。据第三届武汉宁波经济建设促进会会长、法学博士唐惠虎在《宁波人在武汉》一书中的研究，祖籍宁波的武汉人，最早来源于清朝康熙、雍正、乾隆时期来汉经商的宁波人，其间宁波商人成立汉口江浙绸公所，修建汉口浙宁公所。其次是清朝咸丰十一年（1861）汉口开埠后，英、法、美、德、俄、日等国设在上海的洋行总部，派遣一批宁波籍买办抵汉成立汉口分行，他们在武汉的金融、工业、航运、建筑、市政等领域成就斐然，其中在建筑业的成就颇为瞩目。由此可见，宁波人在武汉生活的历史可能要比记载的早许多，这些先驱者构成了日后武汉宁波帮的发端，为其形成规模、实现发展奠定了基础。随着汉口成为全国重要商业市镇，宁波帮与其他商帮一起蜂拥而至，贸迁于楚浙之间，逐渐成为汉口一支重要的商帮力量。如“汉口头号商人”宋炜臣，在汉口创办既济水电公司，涉足机械、矿山、化工、服装等多个领域，被认为是中国第一代以实业救国为己任的民族资本家杰出代表之一。在近代民族实业方面，有号称“粮食大王”的阮雯衷，敢与洋商争高下。武汉搪瓷业第一人张庆赉，开武汉近代搪瓷工业的先河。在航运业方面，宁绍轮船公司、三北轮船公司等，在武汉这个中国内陆最大的交通中心、航运中心如鱼得水。在金融业方面，早期钱庄实现了向现代银行的转型，它们不仅是汉口宁波帮的坚实后盾，也是汉口金融业的先驱者与开创者。在对外贸易方面，宁波商人踏着汉口开埠的历史旋律，助推汉口外贸迅速崛起。在近代商业方面，宁波人携众多商业实体扬名汉口，使其成为街头巷尾老百姓喜爱的消费品牌。在建筑业方面，从承建各类型建筑的营造商沈祝三、周昆裕、魏清涛、康炘生、李祖贤、项惠卿、钟延生等，到专攻设计的庄俊、卢镛标、王信伯、沈中清等，宁波帮在建筑领域的奇思妙想，借由蜿蜒的长江，从遥远的东海之畔到达了武汉这个中国极为繁华的内陆城市。

二、宁波帮与武汉近代建筑业发展历程

汉口开埠以前，城市建筑与其他中国市镇的一样，为传统建筑。无论是民居还是商贸店铺，都是木结构瓦房。商业建筑多为前店后厂的形式，如 1889 年兴建的金同仁药号、1895 年兴建的谦祥益绸布店、1911 年兴建的陶家巷叶开泰药铺，木构架砖墙不开窗，布瓦屋面，土库门面。[1] 这种结构甚至在开埠后很长一段时间内依然没有变化。

《武汉市志・城市建设志》对武汉建筑设计类型有较为明确的划分，结合宁波帮参与武汉近代建筑业的基本情况，将与宁波帮相关的武汉建筑分为以下几类：工厂类、银行类、洋行类、商业类、住宅类、院校类、社团类和其他公共建筑。

汉口开埠后，西方列强进入武汉，使这座城市由一个以区域交换市场为主体的内陆商业市镇上升为开放的国际城市。这一时期，外资、外商等大量涌入，外国工厂、银行、洋行纷纷设立，促进了武汉在近代的转型和商业发展，也带动了武汉建筑业的发展。大批风格鲜明、理念先进的建筑作品逐渐林立在街头，其中著名、重要的建筑大多出自宁波帮营造业。1894 年，定海人周昆裕，在武汉创办明锠泰木厂。此后，外地来汉及本地兴办的营造厂商日益增多。他们所创造出的武汉近代建筑群，在中国近代建筑史上占据重要地位。汉口的近代建筑群和上海、天津、广州的近代建筑一起，成为中国近代建筑转型期的典范，也成为中国近

[1] 宁波市政协文史委员会编：《汉口宁波帮》，中国文史出版社，2009 年，第 70 页。

代经济从封建主义向资本主义变革的形象性标志。[1] 由此，宁波帮对于武汉近代建筑业的意义可见一斑。

汉口开埠和“新政”对于社会的影响，首先体现在外国工厂的涌入。“从 1863 年至 1911 年，俄、英、德、法、荷、日等国商人在汉开设工厂共 76 家，涉及的行业包括制茶、制革、打包、蛋品加工、炼金、面粉加工、卷烟、酿酒、榨油、自来水、发电、机械修理、建筑工程等。”[2] 此外，国人的民族工业也得到了新发展，并逐渐具有了与外国工厂相竞争的实力。近代工业的发展促使近代建筑特别是近代工业建筑的产生，而新的社会需求、技术成果及设计思想又共同促进武汉工业建筑类型呈现由砖木结构到钢结构、钢筋混凝土结构的发展脉络。[3]1904 年，从上海来武汉发展的沈祝三，在上海老东家协盛营造厂的委托下，主持施工武汉最早的一栋混合结构大楼——汉口平和打包厂。自 1905 年建成至今，平和打包厂成为武汉现存最完整的早期工业建筑，也是最早的大型钢筋混凝土建筑。1908 年，沈祝三成立汉协盛营造厂，承建的英商汉口电灯公司大楼（今为全国重点文物保护单位），成为当时全国最大的直流发电厂，专供英租界内用电。1909 年，汉协盛营造厂承建的汉口水塔（今为全国重点文物保护单位），是汉口近代消防标志性建筑物。1915 年，魏清记营造厂承建的汉口电话局大楼，是汉口早期的钢筋混凝土办公大楼之一。同年，汉协盛承建的武昌第一纱厂，是当时华中地区最大的纺织厂，和其后的裕华、震寰等纺织厂一起，标志着由民族资产阶级创办的武昌纺织基地的形成。1922 年，汉协盛营造厂承建三北轮船公司汉口分公司大楼，该公司由宁波人虞洽卿创立，它的出现使长江航道上终于有了中国人自己的巨轮。1924 年，魏清记营造厂承建的亚细亚火油

---

[1] 宁波市政协文史委员会编：《汉口宁波帮》，中国文史出版社，2009 年，第 72 页。

[2] 涂文学、刘庆平主编：《图说武汉城市史》，武汉出版社，2010 年，第 14 页。

[3] 唐惠虎、李静霞、张颖主编：《武汉近代工业史》，湖北人民出版社，2016 年，第 786 页。

公司汉口分公司大楼，是典型的折衷主义风格。

其次体现在大批国外金融机构进入武汉。可以说，武汉地区金融业早期现代化是从外国银行设立开始的。最先进入武汉的是英国麦加利银行，1863 年正式开业。其后，英国的汇隆、汇川、汇丰，德国的德华，法国的东方汇理，俄国的道胜，日本的正金，美国的花旗以及比利时银行等纷纷落户武汉，对汉口传统金融业产生重大冲击。中国自办银行在汉口出现得比较晚，第一家是中国通商银行汉口分行，随后是户部银行汉口分行、交通银行、浙江兴业银行、信成银行、信义银行等。据研究，至 1911 年本国银行共计 8 家。随着第一次世界大战结束，国内民族工业崛起，汉口的银行业迅猛发展，有 50 余家银行。抗战时期，武汉沦陷后，多数银行停业，抗战胜利后逐渐恢复，继续发展。银行业的兴盛，为武汉带来了大批金融类建筑，它们多集中坐落于当时的租界区域。这些大楼作为武汉近代建筑之精华，多为四五层钢骨水泥结构，西方古典柱廊式造型，临街外墙立柱由麻石（花岗石）砌筑，外观及立面严谨对称，尺度雄伟。室内多为磨石地坪，拼木楼面，木墙裙装饰。电梯、水电设备齐全，并配有壁炉取暖。1915 年，沈祝三的汉协盛营造厂承建的台湾银行汉口分行，由宁波籍建筑设计师庄俊设计，古典主义风格，檐口有类似中国檐头的装饰。1917 年，项惠卿的汉合顺营造厂承建的中国银行汉口分行，五层钢筋混凝土结构，是武汉地区早期使用此种结构的建筑之一。1920 年，汉协盛营造厂承建的汉口汇丰银行大楼，是汉口最典型的西方古典式建筑，现为全国重点文物保护单位。同年，宁波人康炘生的康生记营造厂承建的浙江兴业银行汉口分行大楼，为巴洛克风格。1921 年，汉协盛营造厂承建的汉口横滨正金银行大楼，现为全国重点文物保护单位。同年，魏清涛的魏清记营造厂承建的汉口花旗银行大楼，仿古希腊建筑风格，现为全国重点文物保护单位。同年，汉合顺营造厂承建的汉口交通银行大楼，是武汉 20 世纪 20 年代银行大楼的典例之一。1926 年，汉合顺与汉协盛相继承建、共同完成的汉口盐业银行大楼建筑，是宁波帮团结互助的象征。1930 年，汉协盛营造厂承建的汉口金城银行大楼，由庄俊设计。21 世纪初，金城银行与金城里一起被扩建成美术馆，是武汉市对历史保护建筑再利用的全新尝试，也是国内第一个将近代居住类建筑改造为市级美术馆的案例。1934 年，庄俊设计了汉口大陆银行大楼，楼顶设有钟楼。1936 年，汉协盛营造厂承建的四明银行汉口分行，成为中国建筑师在汉设计的第一座钢筋混凝土建筑，也是当时武汉在租界以外修建最早的西式建筑之一。1936 年，钟延生的钟恒记营造厂承建大孚银行大楼，新颖的欧洲新运动建筑风格轰动一时。1949 年，李祖贤的六合贸易工程公司承建的汉口永利商业银行大厦，是中华人民共和国成立前武汉地区最后建成的规模较大的建筑。

最后体现在各国洋行的设立。洋行是外国商人在中国设立的商行、商号，租界和洋行是汉口作为中国内地最大通商口岸的一大特点。汉口开埠后，洋行即进入，并把汉口作为内地市场的中转站，直接从国外进货，然后分销到中国各地，其经营范围遍及临近各省。洋行的总部多在上海（少数在香港、广州），分行设在汉口，从而使得汉口成为内地经销和转口进口商品的最大商埠。汉口的洋行以英商怡和洋行、德商美最时洋行为先，此后各国洋行纷纷在汉设立，鼎盛时有 140 余家之多。[1] 中国自办商行在近代的武汉也逐渐形成规模，与洋行相抗争。1908 年，汉协盛营造厂承建德商捷臣洋行，这也是沈祝三创办汉协盛当年承建的项目。同年承建美最时洋行，后又称“鲍公馆”，极具古典主义风格。1913 年，承建日清洋行大楼，四年后又建成相连的日信洋行大楼，皆为文艺复兴式。1915 年，承建英商保安洋行大楼，古典主义风格。1916 年左右，汉合顺营造厂承建宝顺洋行大楼，该洋行是英国在汉口开埠后首批设立的洋行之一。1918 年，魏清记营造厂承建的太古洋行大楼，具有欧洲中世纪古朴之风。1920 年左右，汉协盛营造厂承建西门子洋行大楼。该建筑于 1944 年遭美机炸毁，后由其他营造厂原地原样重建。1921 年承建的景明洋行大楼，现为全国重点文物保护单位。1935 年，钟恒记营造厂承建的安利英

---

[1] 宁波市政协文史委员会编：《汉口宁波帮》，中国文史出版社，2009 年，第 16 页。

洋行大厦，曾是武汉少数高档涉外宾馆之一。

历史上的汉口、武昌、汉阳三镇，很早便形成了各自的城市功能特色。汉口的金融、外贸、港口运输、商业服务、文化娱乐、信息等行业门类十分齐全，也奠定了它成为近代化商业都会的基础。武昌是当时湖广总督和湖北巡抚治所，因此有布、纱、丝、麻四局。此外，文教事业也得到重视与发展。汉阳则主要集中了铁厂、兵工厂的历史资源，形成近代冶金、机械工业区。受行业领域的影响，除租界内的银行、洋行、工厂建筑之外，武汉也在开埠和“新政”的催化下，于商业、住宅、院校、社团等多类型建筑方面取得了长足发展，宁波帮亦广泛参与其中。这也使宁波帮所涉足的武汉近代建筑，可以说遍布如今武汉所有的重要区域。

汉口开埠后，商业中心向六渡桥、江汉路发展，商业建筑仍以街面店铺为主。1913 年开业的汉口大旅馆,成为当时规模最大、设备最好的饭店建筑。新中国成立后，武汉的商场（店）逐渐遍及三镇。1919 年，汉合顺营造厂承建的德明饭店，曾是汉口最为高级的旅馆。1920 年，汉合顺承建的新市场，原意为“推销国货，繁荣市场”，属文艺复兴式建筑。1921 年，项惠卿和李丽记营造厂合作承建的南洋大华饭店，由宁波人王信伯的建筑设计所进行室内设计，如今楼内设有武汉国民政府旧址陈列馆，是全国重点文物保护单位。1925 年，王信伯的建筑设计所设计了远东饭店，如今是武汉温州城。1929 年，康生记营造厂承建的明星电影院，曾是武汉最著名的电影院之一。1931 年，汉协盛营造厂和正兴隆营造厂一起承建的璇宫饭店和国货商场，是当时武汉最大的百货大楼。1932 年，汉合顺营造厂改建的汉口共舞台，是武汉重要剧院之一。

20 世纪初，随着京汉铁路的开通，武汉成为水陆联运的交通枢纽，里弄住宅等建筑亦相应兴起。初期的里弄住宅前面多为临街铺面，其后为住宅，二三层砖木结构，红瓦屋面。1912 年至 1925 年，汉口相继建成了三分里、长怡里、保和里、辅仁里、方正里、汉寿里等一大批成片式的里弄房屋。1934 年，里弄建筑进一步增多，在设计和功能上也体现出一些变化，虽仍多为石库门天井式建筑，但质量普遍提高。1918 年，康生记营造厂承建联保里，这是汉口近代最大的里分之一，国共合作北伐期间，董必武曾在此秘密进行革命工作。1924 年,汉协盛营造厂承建的同丰里，是武汉工人运动的见证地。1925 年，汉协盛营造厂承建的德林公寓，现在是全国重点文物保护单位，周恩来、瞿秋白、邓小平、李维汉等中共领导人曾在此居住。1927 年，汉协盛营造厂承建珞珈山街住宅，其中 12 号是中共中央长江局暨湖北省委机关旧址，整个街区也是武汉近代历史建筑和传统居住区风貌保存最为集中的地区之一。项惠卿的汉合顺营造厂承建楚善里，革命党人曾在此发动武装起义，令这个里弄名留史册。钟延生的钟恒记营造厂承建的延庆里、延昌里等，也是宁波人在武汉住宅建筑的代表作。1930 年，由汉协盛营造厂承建、庄俊设计的金城里，作为金城银行职员的高级住宅使用。如今，金城里和金城银行被改造为武汉美术馆，以另一种方式活跃于大众生活中。此外，庄俊还设计了大陆坊，最初住户多为大陆银行的高级职员、军官、生意人、医生等，后曾有日本宪兵队在此居住。

受社会环境的影响，近代武汉涌现出一批公共建筑，既有原址重建的，亦有选址新建的，宁波帮涉及的公共建筑类型主要包括校园和社会团体建筑等。

1891 年至 1898 年，张之洞先后在武昌开办方言学堂（湖北最早的一所官办新式学校）、商务学堂、自强学堂、武备学堂、农务学堂和艺术学堂等，兴办新学，开全国风气之先。后有两湖师范学堂、存古学堂和法政、铁路、矿业学堂。辛亥革命后，建有湖北省立教育学院、省立农业专门学校、私立江汉法政学堂、文华大学、文华图书馆专科学校、中华大学、武昌艺术专科学校和国立武汉大学等。抗日战争爆发后，高等学校内迁，校舍建筑在沦陷时多有损坏。1952 年起，全国高等院校院系调整时，武汉地区保留下来的高校有武汉大学、湖北医学院等四所，合并、新建了华中工学院、华中师范学院、华中农学院、武汉测绘学院、武汉水利电力学院、武汉医学院等。宁波帮在武汉承建设计的高等院校建筑主要以武汉大学为代表，他们所兴建的武汉大学早期建筑群，多已被公布为全国重点文物保护单位。沈祝三的汉协盛营造厂承建有武汉大学文学院、理学院、男生寄宿舍、学生饭厅及礼堂（俱乐部）、珞珈山一区十八栋、珞珈山水塔。李祖贤的六合贸易工程公司承建有老图书馆、工学院（行政楼）、法学院、宋卿体育馆（武汉大学体育馆）、华中水工实验所。沈中清设计有武汉大学牌坊、珞珈石屋、听松庐、半山庐。这些宁波帮先贤承建或设计的武汉大学早期建筑，具有先进的现代技术含量。20 世纪 30 年代，大跨度钢架结构、混凝土框架结构、三铰拱等新材料、新技术和新形式在西方建筑界尚处于探索阶段，而武汉大学早期建筑中，这些先进手段和设计思想已被成功运用，并向世人展示了这所“中国人自主创建的中国第一个大学校园”是如何将中国传统建筑艺术的精髓与西方建筑艺术进行巧妙结合的。

受汉口开埠、洋人大量涌入、华商与洋商竞争的影响，近代的武汉城市中出现了很多极具时代特色的社会团体，如中国的汉口总商会、汉口华商总会、华商赛马公会、汉口银行公会等，他们旨在维护华人权益，凝聚力量与洋商竞争。再如西方的汉口信义公所大楼、美国海军青年会等，其建筑都曾被作为宗教场所。1915 年，康生记营造厂承建的汉口美国海军青年会建筑，为巴洛克风格。1919 年，汉合顺营造厂承建的华商赛马公会大楼，属古典主义向现代派过渡建筑。1921 年，汉协盛营造厂设计并承建的汉口总商会大楼，为古典主义建筑，在抗日战争期间曾是各阶层人士社会活动的重要场所，现为全国重点文物保护单位。1923 年，汉协盛承建的汉口华商总会大楼，见证了历史变迁。1924 年，汉协盛承建的汉口信义公所大楼，为晚期古典主义建筑。1926 年，汉合顺营造厂承建汉口银行公会大楼。这些建筑在今天对于延续城市文脉，提升文化品质，推动武汉历史文化名城保护具有重要意义。

宁波帮在武汉所涉及的其他公共建筑，还有 1911 年汉合顺营造厂承建的平汉铁路局大楼，见证了京汉铁路的漫长历史。1924 年由魏清记营造厂承建的江汉关大楼，建成时是武汉最高的建筑物，现为全国重点文物保护单位。1934 年，沈中清参与设计湖北省立图书馆，其中历史文献楼作为全国第七批重点文物保护单位保留至今。1936 年，康生记营造厂承建的南湖机场，是武汉最早的机场之一，曾作军事机场指挥中心、湖北省最大的民用航空港等之用。

三、武汉宁波帮建筑的人文特征

我们凝视一座座宁波帮在武汉所创造的建筑时，透过那些历史厚重的石材、构件，独具特色的窗棂、屋顶，仿佛看到宁波帮在机遇与挑战并存的时代洪流下，巧抓机遇，创新而诚信地完成一座座建筑的承建或设计，目睹他们互帮互助、互相提携，在距离宁波千里之外的汉口，演绎出一幕幕振奋人心的时代故事。

宁波濒海，独特的地理条件孕育出宁波人开放而灵活的视野和眼光。向海而生，开拓创新，宁波帮所创造的中国多个“第一”闪耀于历史星空。注重义理，坚守品格，诚信这一“金字招牌”贯穿于宁波帮历史的各个阶段。敦睦乡谊，注重团结，使宁波人无论在世界的何方土地，都能开辟出属于自己的一方天地。不忘故土，造福社会，宁波帮关爱民生、回报家乡的动人篇章一直在续写。

审时度势，开拓创新。清光绪《慈溪县志》载：“邑人敢于冒险进取，出外业航运及工商业者甚众，颇多获利。在津、汉、沪等处，执商界之牛耳。”敢于开拓创新是宁波帮最突出的特征之一，这一特质促成了他们创造出中国经济史上的多个“第一”。1897 年，严信厚、朱葆三、叶澄衷等人创办中国第一家华商银行——中国通商银行，这成为中国传统金融业迈向近代化的标志性事件。1912 年，镇海人方液仙在上海创办中国化学工业社，开启中国日用化工之滥觞。1921 年，镇海人胡西园成功研制出电灯泡，这是中国人自己制造的第一只长丝白炽灯泡。专制洋服的“红帮裁缝”，裁制了中国第一套西服，制作了第一件中山装，开设了第一家西服店，建立了第一所服装学校，编撰了第一部服装专著，为中国服装走向现代做出了贡献。

定海人周昆裕，于1894年由上海被派往汉口主持横滨正金银行大厦的建设施工，他敏锐地觉察到汉口建筑业市场前途广阔，遂辞去上海营造厂的工作而在汉口与人合开明锠泰木厂。1898年，周昆裕创办明锠裕木厂，正式开始了自身在汉口的建筑营造生涯。其所创办的明锠泰木厂和明锠裕木厂，被认为是武汉近代意义的华人营造厂之肇始。正是由于宁波帮一直以来的开拓创新精神，这个群体对中国近现代转型起到特殊的促进作用，为中国民族工商业做出不可磨灭的贡献。

宁波帮在武汉建筑领域的开拓创新精神，还体现在对于建筑原材料的使用上。1913年建成的日清洋行大楼，由沈祝三的汉协盛营造厂施工承建，帕拉第奥式的立面建筑风格十分典型。据沈祝三之孙沈世璋介绍，在承建这一建筑时，沈祝三计划创新式地采用印度进口石材作为外立面的原石材，但因成本过高而遭到很多人反对，但沈祝三坚守品质至上的理念，坚持自己的决定，因而成就了这座极具风格的建筑。

诚信为本，义中求利。宁波帮不仅有勇于拼搏的创新精神，还有诚信至上的精神理念。比如，正是因为恪守信用，宁波人创立了最早的“民信局”。朱葆三一言九鼎，用自身信誉谱写“道台一颗印，不及朱葆三一封信”之说。宋炜臣诚信经营，成为汉口三镇的巨贾。王宽诚自幼受“克勤克俭、诚实为人”的良好家风的熏陶，成人以后本着“立身处世必须宽厚待人，诚实取信”的信念做事。如今，诚信也成为新一代宁波帮恪守的根本准则。诚信为本，是宁波帮立足世界的“金字招牌”。

1930年，沈祝三承揽下武汉大学主要建筑的营造工程。其时，他所创立的汉协盛已是武汉最大的营造厂。不料，1931年武汉大水，又逢国际经济危机带来原材料价格大幅上涨，在工程全面亏损的关键时刻，沈祝三将三元里、三多里、德华里等多处私宅和砖瓦厂抵押给银行，取得贷款40万元。他坚决信守合同，对于武大工程，材料选优，检验甚严，保质保量，按期施工，不仅着眼保固百年以上，而且原来奉送水塔等配套工程的承诺依然兑现。

诚信，是沈祝三最本真的商魂，也是宁波帮最引以为豪的精神品质。

团结互助，提携乡邻。甬人“团结自治之力，素著闻于寰宇”。在近代中国，凡有宁波人活动的地方，团结互助的故事不胜枚举，如旅沪宁波人与法租界公董局相抗争的四明公所事件。境外宁波人所创立的众多同乡社团与组织，境内各地宁波经促会、商会等，也都体现出宁波人注重乡谊、团结乡帮的内在精神。

清康熙六年（1667），宁波商人在汉口创办江浙绸公所，作为同业商人旅居和议事的场所，这是宁波人继北京宁波会馆之后所创办的全国第二个宁波人的会馆。此后，有汉口宁波会馆、汉口四明公所、宁波旅汉同乡会等，及至当代，又有武汉宁波经促会、商会等组织，为不同时期的宁波人联络乡谊、增进凝聚力提供平台。1926 年，项惠卿的汉合顺营造厂承建汉口盐业银行大楼，该大楼是一座五层钢筋混凝土结构建筑，但在外部结构完工时，因亏本打官司，工程只得停顿下来。担保人汉协盛营造厂在汉合顺的基础上继续施工，保证了建筑的完工，体现出宁波人团结互助的精神。

武汉与宁波江海相连，两城历史、人文渊源深厚。可以说，宁波帮对武汉近代建筑发展的贡献是一个缩影，映照出他们参与武汉近代社会历程的历史，也折射出这一群体诚信、创新、团结的品质，为宁波帮精神与人文内涵添加了极为丰富的注解。

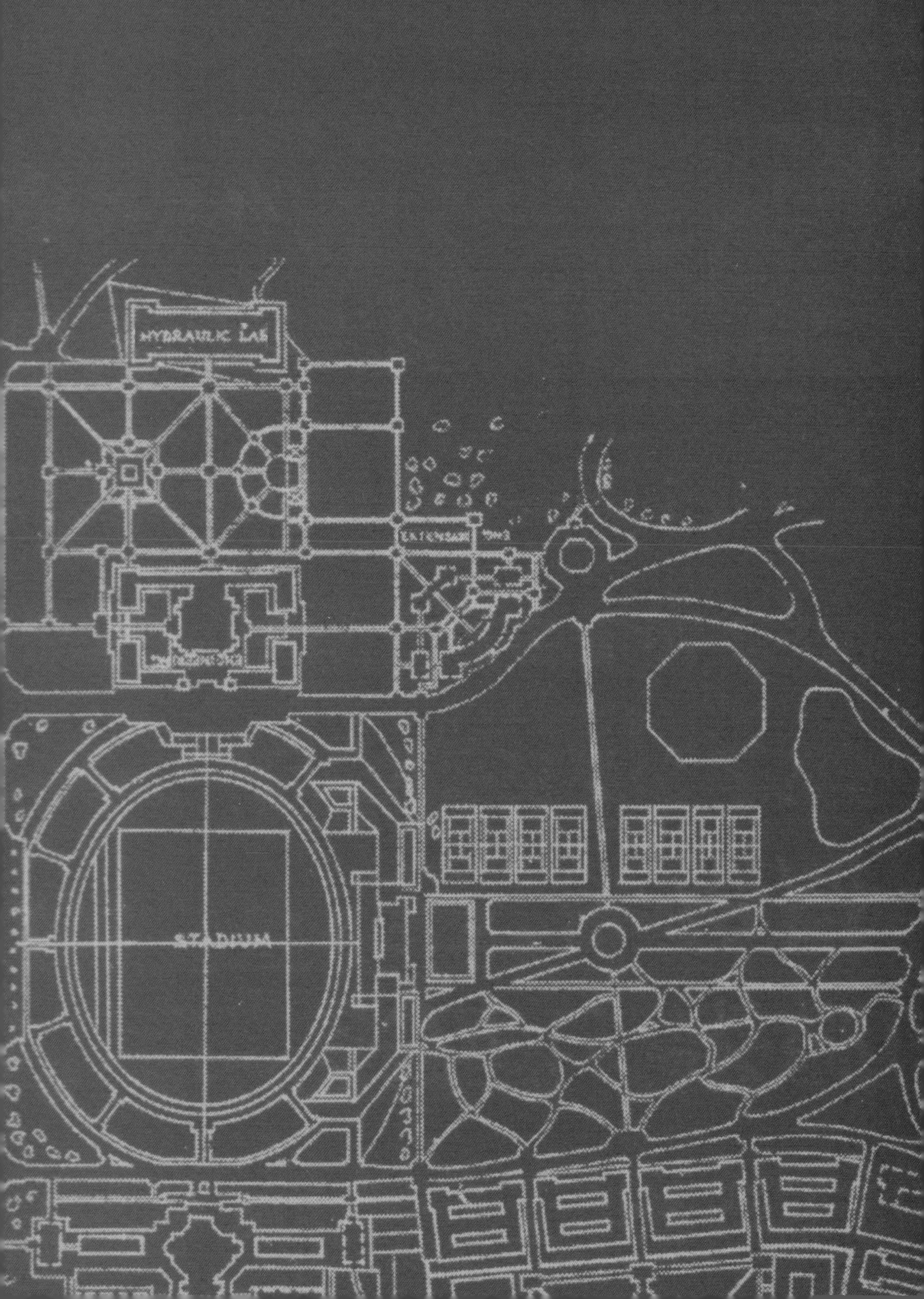
HYDRAULIC LAB
STADIUM

第一编 宁波帮与武汉近代建筑

第一节　沈祝三

▲ 沈祝三

1861 年汉口开埠以后，英、俄、法、德、日五国在汉设租界。租界内的各式建筑如雨后春笋般涌现，西式的建筑风格使汉口的面貌耳目一新，也引领了此后很长一段时间汉口建筑的整体风格。其中，宁波人沈祝三所创办的汉协盛营造厂，承建了数量众多的武汉近代建筑，为这座城市留下了武汉大学早期建筑群、汉口汇丰银行大楼、平和打包厂、汉口水塔等大批优秀历史建筑。据研究，在清末至民国武汉三镇的 300 多处著名建筑（包括革命历史纪念地）中，建筑商可考的有 107 处，其中 56 处为汉协盛所建造。其数量之多，影响之大，以至于汉协盛在打出的广告中自诩“汉口各大工厂学校商店多为本厂所建”。[1]

沪上岁月

沈祝三（1877—1941），亦名沈栖，字卓珊，后改名祝三，出生于浙江鄞县走马塘沈风水村。在沈祝三幼年时，父亲便因病去世。由于家庭生活困难，沈祝三只在家乡读了几年私塾，就无奈

[1]　宁波市政协文史委员会编：《汉口宁波帮》，中国文史出版社，2009 年，第 88 页。

弃学从工，先是学习木匠手艺，后来随舅舅孙仁山前往上海，以当临时工谋生。孙仁山有位朋友叫王文通，在上海杨瑞泰营造厂做事。他见沈祝三学习勤奋、手脚勤快、心思细密，便介绍他到中国近代营造业先驱杨斯盛开办的上海杨瑞泰营造厂做事。

杨斯盛（1851—1908），上海川沙人，父母早逝，家境贫寒，13 岁到上海习泥水匠技艺。通过不懈努力，他很快便从传统泥水匠成长为业务精、会英语的技术人员，成为中国第一批掌握西式建筑方法的人，并于 1880 年创设上海近代建筑史上第一家具有现代经营理念的营造厂——杨瑞泰营造厂。杨斯盛幼年遭受失学之痛，壮年以琅琅诵读为乐，晚年则立捐产兴学之志，捐资创办上海广明小学和浦东中学。现代学者胡适对杨斯盛的人格和捐产兴学之举十分赞赏，称他为“中国第一伟人”。现今上海浦东中学校园内矗立着杨斯盛铜像。

▲ 杨斯盛

沈祝三在杨瑞泰营造厂工作了一段时间后，转到由近代上海建筑业巨子张继光（1882—1965）创办的协盛营造厂。张继光是鄞县傅家漕人，8 岁丧父，由母亲和祖母抚育成人。16 岁时他去上海何祖记营造厂当学徒，凭着勤奋、聪慧、诚实与才干，不久便脱颖而出。张继光在建筑巨擘杨斯盛的鼎力相助下，于 1901 年创办上海协盛营造厂，建造了上海滩上的许多标志性建筑，如

▲ 被誉为“中国进士第一村”的千古名村“走马塘村”

▲ 张继光

大清银行、东方汇理银行、荷兰银行、上海纱布交易所、盐业银行、日清公司、中国实业银行、福利百货公司等大楼，还承建了上海第一座高层工业厂房——福新面粉厂，以及上海当时最大的工业厂房——申新纺织九厂。张继光热心公益，乐善好施。他对家乡宁波的建设十分关注和支持，尤以建造宁波灵桥与重修阿育王寺为乡人所称道。

沈祝三在上海发展时期，深受杨斯盛、张继光两位建筑前辈的影响。他为人忠厚笃实，做事勤快干练，深知要想有真本事，就必须学习，但限于当时的条件只能在干中学、学中干。在协盛营造厂工作时，他抓住一切机会刻苦自学，不久便学会了看工程图纸，了解了各类施工技术。勤奋好学的沈祝三，晚上还抽时间向看门的印度人学习英语。他学用结合，在较短的时间里就掌握了英语的简单对话和书写，并能看懂英文建筑图。这令他与外国业主能够自如交往，继而很快在同行中崭露头角。

沈祝三的勤勉努力深得张继光赏识，张继光将他派往南京协助监督英商太古洋行工程施工。机敏干练又讲信誉的沈祝三，在南京与英商合作得很好。该洋行工程有凿旱井一口的项目，要求施工过程一气呵成，不能间断，故须日夜开工。其时恰逢天降大雪，工人在夜间施工时因畏寒不肯下井，作为监工的沈祝三率先垂范，自告奋勇下井动手干活。这一举动深受洋人赞赏。这项工程也为沈祝三此后的发展道路打下了良好基础。

溯江至汉

光绪三十年(1904)，英商太古洋行要在汉口建一号仓库，该洋行大班依然请上海协盛营造厂承建这项工程，同时点名沈祝三去汉口主持整个工程。时年 27 岁的沈祝三奉派主持施工，只身逆江而上，踏出了他在汉口创业的第一步。次年，他受上海协盛营造厂委派主持施工武汉最早的一栋混合结构大楼——汉口平和打包厂。平和洋行总公司设在香港，在汉口设有分行，主要从事打包业。汉口平和打包厂主要用于机械打包平和洋行收购自湖北江汉平原的棉花，装运上船，长途海运至欧洲。平和打包厂的成功，令沈祝三名声大振，也初步奠定了他在武汉营造业中的地位。

2004 年，武汉在设计过江隧道施工方案时，平和打包厂被列为首要保护对象之一。其现已被列入青岛路文化创意产业园，成为汉口最大的艺术家聚集地之一。

自汉口正式开埠之后，英、俄、法、德、日五大租界占据了汉口数千亩沿江区域。来汉口的外国人陆续在长江边建起了高楼大厦，华商们也纷纷开厂建房，客观上带来了工业、建筑业等领域的蓬勃发展。初来汉口的沈祝三，一边主持着平和打包厂的工程，一边开始自己承建武汉地区的其他建筑项目。1908 年，沈祝三于汉口六合路独立办厂。在协盛营造厂的任职经历，使他较早地接触到上海先进的近代营造体系，也为其创办个人工厂打下了坚实的基础。沈祝三将自己的营造厂命名为“汉协盛”，以此铭记上海协盛厂对自己的重要意义。

凭借几年来学到的过硬技术和经营知识，沈祝三很快令汉协盛在武汉建筑业占据了一席之地。创建伊始，他就十分注重将传统施工与西方技术、机械施工相结合，自备汽车、拖轮、拖驳等运输工具，以便将原材料直接运至施工现场。此外，从国外进口英式打桩机、混凝土拌和机以及电动控制的起重设备，以满足大

▲ 平和打包厂大楼

漢協盛木廠廣告

本廠專營建築工程房屋打樣漢口各大工廠學校商店銀行多爲本廠所建造倘荷惠顧無任歡迎地點特別區六碼頭

電話一五三號

▲ 汉协盛木厂广告

型复杂工程的建造需要。沈祝三与汉口浙江兴业银行经理王道平既是同乡，又是好友，这令汉协盛拥有较为充足的资金保障。采购原材料时，他尽可能减少中间环节，以降低成本。如与德国哈尔钢铁公司建立业务往来，每年以低于市场 20% 的价格，直接从德国购进钢筋，完全不受汉口钢筋市场价格波动的影响。

为了建筑施工用料方便，且在市场竞争中增强优势，沈祝三于 1913 年开始涉足建筑材料业，逐步形成系列产品。先是从德商手中购得阜成砖瓦厂，厂址在汉阳赵家台，占地三四百亩，初有砖瓦窑 16 门，1915 年扩建为 32 门，翌年又引进蒸汽机为动力带动挤出成型制砖机，年产机制红砖最多达 1000 万块。这一当时湖北规模最大的机制砖厂在轮窑焙烧的基础上，以蒸汽机为动力制砖，技术在民国年间非常先进，汉口的许多建筑上都有阜成砖。1924 年，阜成轧石厂在硚口双厂巷成立，聘德国工程师为其设计，拥有英国制造的轧石机器两部，一切设备应有尽有。1930 年，沈祝三又在轧石厂内另建炼灰厂，使用立窑烧炼石灰。翌年又把设备迁出，在汉口皮子街另建阜成石灰厂，建有钢筋混凝土窑房，采用机械破碎、皮带机运输、竖窑烧灰等先进工艺。沈祝三的阜成系列建材，保证了汉协盛建筑原材料的供应，使之在市场竞争中平添不少优势，也带来了可观的利润。由于质量上乘，沈祝三的阜成系列建材厂不仅成为当时武汉建材业的翘楚，而且影响及至长江中游沿岸城市，连福建厦门的客户也来订货。此时的汉协盛营造厂不再仅仅是施工单位，而是逐步跳脱出单纯的建造行业，基本形成了全产业链的营造体系，成为武汉营造业由建造作坊向现代建筑公司成功转型的典型代表。

▲ 景明洋行大楼

1908 年，沈祝三结识了英国建筑设计师海明斯，两人交谈后，发现意气相投，相互合作有望达到双赢。因此，沈祝三出资帮助海明斯开设了专营房屋设计和监工业务的景明洋行，这是其时汉口第一家房屋设计事务所。景明洋行承揽的设计工程概由汉协盛承包施工。设计和营建一经联手，承建范围大为拓展，双方互补共进，为汉口带来了诸多建筑精品，如日信洋行大楼、日清轮船公司大楼等。尔后，沈祝三还与甬籍建筑设计师开展合作，如1930年承建由庄俊设计的汉口金城银行大楼（现为武汉市美术馆），1934年承包施工位于江汉路的四明银行汉口分行大楼，这幢当时汉口最高的银行建筑由定海人卢镛标的建筑事务所设计，其规模超过上海四明银行总行大楼。

▲ 珞珈山街住宅区

沈祝三是武汉建筑百年经典的承建者，也是汉口早期里分建设的重要投资人和营建者。汉口里分是西方低层联排式住宅和中国传统多进院落式建筑的结合体，可以说是西方建筑文化与武汉地域文化交流的产物，承载着大量的武汉城市历史文化信息。它作为一种独特的民居形式，已成为近百年汉口民居文化的缩影。早在1920年以前，沈祝三就在汉口拥有三元里、三多里、三有里和德华里，还与人合资建有共和里，用以出租。汉协盛营造厂在汉口承建的住宅建筑还有同丰里、珞珈山街住宅区、德林公寓等。同丰里位于汉口中山大道黄石路口，路口的高房子就是宁波红帮裁缝开办的怡和西服店。

▲ 德林公寓

1918年，也就是汉协盛创建十年后，沈祝三因患青光眼而失明。在沉重的打击面前，他仍以惊人的魄力，镇定自若地指挥施工，主持建成了大批优秀建筑，包括著名的景明大楼、璇宫饭店、四明银行、武汉大学等30余项工程，为武汉留下了宝贵的建筑财富。

▲ 金城银行大楼

▲ 四明银行汉口分行大楼

倾囊建造武汉大学

武汉大学是近代中国首批国立综合大学之一，湖北第一所高等学府。它环绕东湖水，坐拥珞珈山，校园环境优美，风景如画，被誉为“中国最美丽的大学”。它众多的早期建筑，气势恢宏、布局精巧、中西合璧，是中国近代大学校园建筑的佳作与典范。2001 年，武汉大学早期建筑群被公布为全国重点文物保护单位。其新校舍一期工程，包括文学院、理学院、男生寄宿舍、学生饭厅及礼堂、珞珈山一区十八栋、运动场、国立武汉大学牌楼等共 13 项，主要由沈祝三的汉协盛营造厂建造。在建造武汉大学建筑群的过程中，沈祝三以诚实守信、艰苦奋斗的崇高品德，感动了世人。他所诠释并坚守的，正是宁波帮的人文情怀和精神追求。

时间追溯至武汉大学成立时期。武汉大学源于 1893 年清末湖广总督张之洞奏请清政府创办的湖北自强学堂。1897 年，慈溪马径（今属宁波江北区庄桥街道）人张斯栒出任自强学堂总办（校长）。清朝外交官张斯栒先后任清政府驻英、德、美、西、秘、俄、

▲ 20 世纪 30 年代武汉大学早期全景

法、意、比等9国的驻外翻译，驻外工作达17年之久，著有《环瀛日记》等，是最早走向世界、亲身经历西方文明的中国知识分子之一。自强学堂后改名国立武昌高等师范学校，1926年合并为国立武昌中山大学。

▲ 位于武汉大学内的李四光像

1928年7月，南京国民政府大学院决定改建武昌中山大学（原武昌高师）为国立武汉大学，暂以国立武昌大学旧址为校舍。但其40余亩的校园面积并不能满足一所国立大学的需要，因此，寻找新校址便被提上了日程。大学院指派刘树杞（时为湖北省教育厅厅长）等人组成国立武汉大学筹备委员会，由时任国立武汉大学新校舍建筑设备委员会委员长李四光教授负责新校舍的选址工作。校长秘书叶雅各先生是委员会委员，专办新校舍建筑一事，他是一位林学家，对武昌郊外的地理环境比较熟悉，提出“武昌东湖一带是最适宜的大学校址，其天然风景不唯国内各校舍所无，即国外大学亦所罕有”的观点。当年珞珈山一带尚属荒山野岭，荒凉颓败，从城里到珞珈山，不仅不通车，连条像样的路都没有，但李四光透过一片荒凉的景象看到了未来。1928年11月28日，新校舍建筑筹备委员会召开第一次会议，出席会议的有委员长李四光，委员张难先、胡宗铎、叶雅各、石瑛、刘树杞等。经过讨论，一致决定在武昌城外珞珈山一带建设新校舍。[1]

新校舍工程于1929年3月18日开始规划，主轴线为李四光勘测所定。缪恩钊带领助手沈中清及另外四名测工负责新校舍的测量绘图工作，经过五个月艰苦努力，按时完成勘测任务。校址确定后，李四光亲赴上海，聘请在华的美国著名建筑师开尔斯先生设计新校舍。这位精通中西建筑艺术的大师，以中国传统建筑的精华——北京故宫为蓝本，按照建筑设备委员会“实用、坚固、经济、美观、中国民族传统式外形”的要求，秉承中国传统建筑“轴线对称、主从有序、中央殿堂、四隅崇楼”的思想，采用“远取其势，近取其质”的手法，巧妙利用珞珈山、狮子山一带的地形，历时一年多，完成了武汉大学新校舍的设计任务。新校舍设计构思精

[1] 涂上飙编著：《国立武汉大学初创十年（1928—1938）》，长江出版社、湖大书局，2015年，第21页。

妙，融汇了中国古典建筑艺术和西方近代建筑的优点。整体上既有中国传统建筑风格，又引入西方的罗马式、拜占庭式建筑式样，把对称式的传统格局和适应功能的现代风格进行了和谐的融合。

在校园建设的基础工作完成后，工程招标正式启动。招标采取了介绍推荐厂商即邀标的方式，参加投标的厂商为五家：汉口汉协盛营造厂（宁波人沈祝三开设）、汉口康生记营造厂（宁波人康炘生开设）、汉口袁瑞泰营造厂、上海六合贸易工程公司（宁波人李祖贤开设）、上海方瑞记营造厂。经过一系列程序，沈祝三的汉协盛营造厂中标承建武汉大学第一期建设项目。

1932 年 3 月，武汉大学王世杰校长在开学典礼上特别提到："承包主要建筑物的是汉协盛营造厂，老板是沈祝三先生。他的出身原很微贱，在汉口经营建筑事业有数十年之久，汉口的大部分的主要建筑如汇丰银行等都是他造的。可是现在他的目盲已有十多年了。他每天自早至晚，都坐在他的小办公室的桌边接应电话，指挥珞珈山及其他部分的工人从事工作。我们真抱歉得很！在他投标之后，金价大涨，而他所用的材料中，外货又甚多，因此，据他交工时候的估计，亏本有 24 万元之多。他的估计是不是十分精确，我们虽不得而知，而他的亏累却是无可置疑的事实。可惜本校的经费也在十分困难中，无法补偿他。可是无论如何我们应该感谢他，当时肯以比较低廉的标价，担任这个巨大的而且困难的工事。"

原来，武汉大学校舍建造过程中，正值 1931 年历史上罕见的长江大洪水席卷武汉，加上开山、筑路等部分临时增加费用，又逢国际经济危机带来原材料价格大幅上涨。在工程全面亏损的危急关头，沈祝三秉持诚信，咬紧牙关坚持了下来。在极其恶劣的条件下，沈祝三依然坚持"三不原则"：一不主动向业主提高造价，二不拖欠供应商货款，三不拖欠建筑工人工资。他表示坚决信守合同，材料选优，检验甚严，保质保量，按期施工，着眼保固百年以上，且原来奉送水塔、水池等配套工程的承诺依然兑现。为此，他将三元里、三多里、德华里等多处私宅和阜成砖瓦厂抵押给浙江兴业银行，取得贷款 40 万元，使武汉大学工程得以继续。

这笔债务后来本利滚成 100 万元，沈祝三变卖了几乎全部家产，直到武汉沦陷才还清贷款。因此，沈祝三的汉协盛元气大伤。

珞珈山新校舍于 1930 年 3 月动工，至 1932 年 1 月一期工程竣工，耗资 150 万银圆（因通货膨胀，实际耗资 170 万银圆），中央政府与湖北省政府各支持 75 万银圆，李宗仁拨款 20 万银圆资助。完工后的建筑群中西合璧，气势恢宏，布局精巧，置于群山起伏、湖水相伴、绿树成荫的自然环境中，呈现给世人以巍峨耸立、古朴庄重、轩昂瑰丽的风格。1932 年 5 月 26 日，武汉大学举行隆重的新校舍落成典礼。蔡元培先生在典礼上发表了热情洋溢的讲话，称赞武大在短时间内有长足的发展，还赞誉珞珈山新校舍工程设计新颖，是国内最漂亮的大学建筑。王世杰校长在落成典礼上讲道："十二年前，我和李四光在回国途中曾经设想，要在一个有山有水的地方建设一所大学，今天这个愿望实现了。……本校的工程，尚只完成一半，此后需要中央及地方的指导与帮助正切。我们的建设不仅是物质的建设，还有最大的精神建设，无论在学术建设方面或文化事业方面，我们都在努力。请大家看我们所走的路是不是中华民族的出路！是不是人类向上的路！"此后，王世杰与叶雅各亲自带领师生在珞珈山造林，半年植树 50 万株，使校园更为秀美壮观。1932 年底，北京大学文学院院长胡适赴武汉大学讲学，他在日记中写道："校址之佳，计划之大，风景之胜，均可谓全国学校所无。人们说他们是平地起楼台，其实是披荆榛，拓荒野，化荒郊为学府。"1933 年，一期工程完工后，曾昭安组织编印了《国立武汉大学建筑摄影集》，含有 41 幅精美照片。

令人惋惜的是，新校舍竣工时，沈祝三已双目失明，看不到这件他用全部心血创作出的精美作品。1941 年，一身萧条的沈祝三在汉口与世长辞。甬籍武大学子陆方喆在《东湖长忆沈祝三》一文中深有感触地写道："诚信与否是一个商人能否成功的关键，也是宁波帮引以为豪的信誉。沈祝三把这个品质发挥到了极致……古人一诺千金而为后世称颂，沈祝三的一诺怕早已不止万金了吧。1938 年，位于东湖之滨、珞珈山上的武汉大学新校舍落成，自那始，武大便一直以典雅的人文建筑和优美的自然风光名满天下。身为一名武大的学子，我深深地感谢同乡先贤沈祝三先生，感谢他建造了武大的美，将它凝固在校园的每一栋建筑上。武汉人民也会永远记住他，记住这个以工程质量为本，宁可亏本也要信守诺言的宁波商人。他为我们留下的牢固建筑，就是记录着他高尚人格的不朽丰碑！”武汉大学历史系 2000 级校友李亚楠在《最美大学与曾经的建筑商》一文中写道：“武大的美，在山、在树、在花、在湖，尤在掩映其中的民国建筑群——沈祝三，正是这些建筑精华的营造者……虽然很少有人将沈祝三看作教育家，但他却以自己毕生实践写就了最宏大的人生教材，教材的精华矗立在珞珈山巅。教材的核心思想只有两个字——诚信。这是沈祝三骨子里流淌的血液，也是我们这个时代最为稀缺的品质之一。所以，为人、为商、为政，皆当如沈祝三。”

沈祝三的一诺千金，展示了宁波帮锐意进取、以德立业、诚信为本的精神风范。诚信，这个最基本也最难坚持的原则，在沈祝三这位建筑商人的身上得到了最完美的诠释。

沈氏其家

在武汉发展的沈祝三对留在老家鄞县不愿去汉口的母亲十分孝顺。20 世纪 30 年代，他为母亲在家乡沈风水村沈西造屋，前后三进，另有祠堂、天井，占地十余亩。沈祝三曾利用祠堂两旁的厢房办过小学，并在沈风水村奉化江边办过鄞县阜成砖瓦厂。他为人大气，热心公益事业，汉口宁波同乡会重修四明公所，他出资建好给同乡会。宁波旅沪同乡会建设新会所及宁波保黎医院购买 X 光镜时，他均捐款资助。1930 年，他还曾任鄞奉公益医院董事。

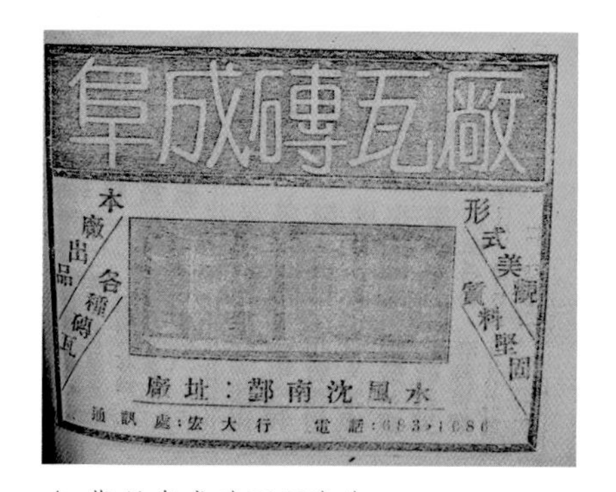

▲ 鄞县阜成砖瓦厂广告

沈祝三有三个儿子，大儿子沈立尧留在老家鄞县，1943 年因病去世。二儿子沈立舜 1942 年毕业于金陵大学化学工程专业，曾在四川五通桥永利公司、军政部燃料试验所、景明建筑打样行任职，还担任过汉协盛营造厂经理。1949年，汉协盛营造厂宣告结束，沈立舜回到化工本行，2007年以90岁高龄在武汉去世。三儿子沈立禹，生于1920年，1937年11月以优异的成绩考取清华大学（西南联大）机械工程系。毕业后，沈立禹曾在华西汽车制造公司、平汉铁路桥梁厂任职，1948年任汉协盛营造厂副经理，掌管阜成砖瓦厂。1956年1月，沈立禹任武汉市公私合营阜成砖瓦厂副厂长，后在武汉建材系统从事技术工作，曾任民建武汉市委委员、汉阳区副主委、汉阳区人大常委。

从鄞县西乡出来的沈祝三，自1904年开始其在武汉的营造生涯。此后的30余年间，他的汉协盛营造厂创造了武汉建筑业的辉煌，在中国近代建筑史上写下了浓墨重彩的一笔。

▲ 20世纪30年代沈祝三在家乡沈风水村所造房屋

▲ 位于宁波的沈氏祖居

第二节　李祖贤

▲ 李祖贤

李祖贤（1894—1981），镇海小港（今属北仑区）人，为小港李家坤房第四代。清光绪三十一年（1905），他从家乡来到在上海工作的父亲身边求学。其父李云书是小港李家创业祖先李也亭长孙，李梅堂之子。在清末民初的上海工商界，李云书是一个敢作敢为的风云人物，在沪上的资产遍布轮船、铁路、银行、保险、纺织、房地产等行业，有“投资大王”之称。辛亥革命兴起后，他大力支持并参与孙中山领导的革命运动，曾任上海商务总会协理、江浙军总兵站总监、上海总商会会董等职。李云书非常重视子女的教育，他的后代几乎全都接受了高等教育，其中八人还曾远赴美、德等国深造，留学归来，各展宏图。

李祖贤小学毕业后先被派到家族办的钱庄去当学徒，而后考上了当时声誉颇佳的上海民立中学。该校治学严谨，讲求实用，重视书法，尤以英文见长。在这里的求学经历为他打下了扎实的知识功底。1912 年，李祖贤以优异成绩考入清华学校（清华大学前身），在清华园读书两年，即被清华保送出国深造，入美国纽约州特洛伊城的伦斯勒理工学院攻读土木工程。苦读四载，1918 年获得学士学位。当时清华规定：留美学生毕业之后，必须进入美国大企业实习两年，考核合格，才算学成。因此，李祖贤又在美国著名的桥梁公司任职两年。

创办“六合”

1921年，李祖贤回国，次年与数位清华同学合伙在上海创办六合贸易工程公司（以下简称“六合公司”），这是中国第一家由留学归国人员创办的建筑企业。以前留学归国的专业工程技术人员不少，但大多投身到建筑设计或者专业教学领域，如1914年毕业于美国伊利诺伊大学建筑工程系的甬籍著名建筑设计师庄俊、1915年毕业于美国密歇根大学后任上海圣约翰大学土木工程学院院长的杨宽麟、1917年获美国麻省理工学院建筑系学士学位后在天津开办基泰工程司的关颂声、1918年毕业于美国康奈尔大学以设计中山陵闻名于世的吕彦直等。李祖贤因此成为中国第一位国外留学归来从事建筑业的营造家。因施工管理科学、建造质量精良，李祖贤名闻国内建筑界，也令六合公司于20世纪30年代跻身于上海营造企业二十强，上海海关大楼、上海图书馆等知名建筑均出自“六合”之手。

六合公司除在上海发展外，还向外埠拓展业务，在南京、武汉等地开设分厂。1935年6月28日，李祖贤在汉口登记执行土木建筑业务技师，实业部证号296号，事务所在法租界福煦路八大家4号六合公司。六合公司承建过南京中央研究院历史语言研究所和武汉大学图书馆、工学院、法学院、体育馆及汉口永利商业银行大厦等一批知名建筑。

由六合公司承建的中央研究院历史语言研究所位于南京市北京东路39号（原鸡鸣寺路1号），与中央研究院总办事处、地质研究所、社会科学研究所同在一个大院内。成立于1928年的中央研究院是民国最高学术研究机构，直隶于国民政府。历史语言研究所大楼在中央研究院大院内总办事处大楼的正北面，为仿明清宫殿式建筑，由基泰工程司建筑师杨廷宝设计。大楼建于1936年，高三层，钢筋混凝土结构，建筑面积1700平方米。建筑平面呈长方形，单檐歇山顶，屋面覆盖绿色琉璃瓦，外墙上部为清水青砖墙，下部采用水泥仿假石粉刷。大楼朝南，入口处建有一座仿木结构的单层门廊。大楼的东西两侧，各辟有一个侧门。大楼两端分别为阅览室和小型书库，其余部分为办公、研究用房。该所先后设历史组、语言组、考古组、人类学四个组，工作重点放在安阳殷墟发掘和甲骨文的研究整理，西南少数民族语言、习俗的调查和西北考古，在历史、语言等许多领域都有卓著贡献，十年间组织殷墟发掘 15 次，取得了令世界瞩目的重大成果。所长傅斯年和著名学者陈寅恪、赵元任、罗常培、李方桂、李济、董作宾、夏鼐等曾在此办公。1993 年，中央研究院建筑群被列为南京市文物保护单位，2002 年 10 月被列入第五批江苏省文物保护单位。2013 年 3 月，作为近现代重要史迹及代表性建筑类，该建筑群被国务院公布为第七批全国重点文物保护单位。

“六合”与武汉大学

▲ 武汉大学图书馆在建场景

1933 年，武汉大学开建第二期校舍工程。1934 年，王星拱担任武大校长，上任之初便致力于新校舍二期工程的建设。由于中央与地方政府特拨给武大的 170 万元建校款已经用完，二期工程所需经费须学校自行筹措。为此，王星拱多方奔走，耗尽心血。好在一期工程建成后，武汉大学在国内名声大振，不少知名学者

▲ 位于武汉大学内的王星拱像

▲ 位于武汉大学内的王星拱纪念墙

慕名前来任教，学校的学术地位不断提高，声誉良好，因此社会各界的捐赠逐渐多了起来，其中包括中华教育文化基金董事会、中英庚款董事会、湖南省政府、黎元洪之子等社会组织和个人。

在王星拱的辛勤操持和社会各界有识之士的大力支持下，至1937年抗战全面爆发前，武汉大学又兴建了图书馆、体育馆及法学院、工学院大楼等建筑，基本上完成了二期工程主要建筑的建设。这些建筑与老斋舍、文学院、理学院大楼等珠联璧合，浑然一体，为武汉大学的继续发展奠定了良好的基础。其中，二期工程中的图书馆、工学院、法学院、体育馆和华中水工试验所均由李祖贤创办的六合公司承建，这也是"六合"所承建的最大工程。施工过程中，李祖贤经常下现场，按习惯先看质量，后问材料，还聘请著名建筑师关颂声的堂弟关汝典在工地担任监工。李祖贤对监督工作的重视和到位成就了六合公司建筑的质量，也成就了六合公司的名声。这项工程也使李祖贤声名远播。

"六合"内迁

1937年"八一三"事变后，黄浦江两岸硝烟弥漫，火光冲天。虽然设在租界内爱多亚路(今延安东路)的六合公司尚无大碍，但李祖贤毅然决然放弃一切，将六合公司由上海内迁至重庆。从1938年12月起，重庆就成了侵华日军"战略轰炸"的最重要目标，空袭警报几乎没有中断过，成千上万栋建筑被毁。抗战时期的陪都重庆急需专业的建筑力量，而六合公司的声誉早已从黄浦江传到嘉陵江，再加上李祖贤的专业学科背景，所以六合公司承建的业务应接不暇，事业发展甚至超过了上海时期。

六合公司在重庆期间，先后建造了中央银行、中国银行、中国国货银行、陕西银行等大楼，电力公司南涪发电站、龙章造纸厂、天原化工厂、大田湾跳伞塔、英美大使馆防空洞等一批重要工程，对战时大后方的金融、经济、军事乃至外交都有所贡献。

▲ 重庆中央银行旧址国保碑

重庆中央银行位于打铜街道门口9号，建筑坐西朝东，钢筋砼结构五层建筑，地下两层为金库。2013年3月5日，重庆中央银行与重庆中国银行（建筑坐东朝西，钢筋混凝土结构，高五层）等一起作为重庆抗战金融机构旧址群，被国务院公布为第七批全国重点文物保护单位。2018年11月24日，入选第三批中国20世纪建筑遗产项目。

龙章造纸厂原为1906年庞元济创办的上海唯一一家造纸厂，以生产证券、钱币、票据等特殊纸为主。1938年内迁重庆江北区猫儿石，1941年被国民政府财政部合并，改称中央造纸厂，1948年更名为中央印刷厂重庆造纸厂。造纸厂现存办公楼一栋，始建于1938年，坐北朝南，为一栋砖木结构二层小楼，折衷主义建筑风格，悬山顶，小青瓦覆顶，面阔10.5米，进深10.5米，建筑面积138.425平方米。该楼现为重庆市江北区重点文物保护单位，见证了龙章造纸厂内迁重庆的历史，为研究抗战时期内迁工厂的发展提供了重要的实物资料。

大田湾跳伞塔通高38米，跳距28米，由中国一代建筑宗师杨廷宝设计，建成于1942年。其时正值重庆持续遭受日本飞机野蛮轰炸5年之际，“毋惧日寇，抗敌到底”，直刺苍穹的巨塔恰似重庆人民决心抗日到底的宣言。这是中国乃至亚洲第一座跳伞塔，是亚洲仅存的二战时期的跳伞塔。塔建成后，陈立夫撰写了《陪都跳伞塔记》碑文。这座当时远东地区最高、设备最好的跳伞塔，为抗战时期培养飞行员提供了重要的训练场所，健儿们由此飞上蓝天同日机血战。中华人民共和国成立后，它成为国防体育的训练场所，1954年建立重庆跳伞学校，培养出曾六次打破国家跳伞纪录、五次打破世界纪录的王素珍等大批优秀跳伞运动员。老重庆人对跳伞塔有着深厚的感情，它不是一座单纯的体育建筑，而是重庆那段艰难、荣耀历史的见证，是重庆作为国家历史文化名城的一个重要地标。2000年，跳伞塔被列为重庆市文物保护单位，已原地完成维修加固，作为抗战航天体育陈列馆的一部分对外开放。在跳伞塔的施工过程中，李祖贤还引进了一系列新的施工组织设计、施工质量监督等科学措施：如将从山下往山上所筑的施工便道，同正式的道路结合起来考虑，既省工又省料；又如指定技术人员每天对工程施工情况进行摄影，以备考查。诸如此类的措施，都令同行们刮目相看。六合公司的事业也发展到鼎盛阶段。

在重庆期间，李祖贤的生活紧张又热闹。据他的女儿李玫回忆："我们全家在重庆的 7 年里，天天亲朋相聚、宾客满堂。我们家住在道门口 20 号，这里原本是三层的砖木结构办公房，我们去后，父亲让自己的公司改建成四层楼房。其底层大厅是六合办公内地总部，后院是饭堂、厨房和一系列贮水大水缸、淋浴等附属用房。二层三层是父母的家居，既用作父亲办公场所，又用作客厅、餐厅和多个卧室等等。四层楼由一部直通马路的楼梯单独上下，作为高级员工宿舍之用。这个建筑不论层数和卫生设备设施均属当时高标准的了。在它不远的山坡是父亲公司和他的朋友黄家骅伯伯的公司合建的防空洞。每逢晴天，日本人飞机来，大家都得快快地整理东西带进防空洞，躲到解除警报方能出洞察看哪个建筑或地段又被炸了。就在这个住处，父母天天款待亲戚朋友，自下江入川的上海人和清华校友。不管认不认识，有了这三层关系之一，就是款待对象，这是老规矩。没冬衣的给做冬衣，没住的给住下。大概这是父母想学他们敬佩的征五公的风格吧！"

这段时期，李祖贤自认为最高兴的事情是建造重庆清华中学。1938 年，为了不让莘莘学子失去求知的机会，老一辈无产阶级革命家董必武同志指示，在重庆办一所共产党领导的中学，因筹办者和主要任课教师均系清华大学校友，首任校长傅任敢亦为清华大学校长梅贻琦委派，所以定名为重庆清华中学。时任国民政府主席林森题写了"重庆清华"四个大字，每字 3 米见方，为重庆现存林森题刻中规模最大者之一。李祖贤作为清华校友充分发挥自身特长，无偿建造了重庆清华中学的校舍，内中工字堂（会议室、休息室和两侧各三间办公室）由梅贻琦校长题写，为一栋砖木混合结构单层建筑，折衷主义建筑风格，一字式布局，歇山顶，机制大瓦覆顶，前后设檐廊，外墙漆红。困学斋（校长住宅及教师沙龙）由哲学泰斗冯友兰亲题，为砖木混合结构二层小楼，折衷主义建筑风格，不对称布局，平面近"T"字形，组合式四面坡式顶，机制板瓦覆顶。中华人民共和国成立后，学校更名为重庆市第九中学。1984 年，恢复重庆清华中学校名，时任全国政协主席邓颖超同志亲笔题写了校名。建校以来，这所四川省首批重点中学先后培养出“两弹”元勋朱光亚和侯朝焕、张仁和、李朝义、刘业翔、卢佩章等两院院士及一大批专家、学者。

1945 年 8 月 14 日，日本天皇宣布无条件投降，十四年抗战宣告胜利。同一天，蒋介石电邀毛泽东赴渝谈判，国共两党最终达成《双十协定》。1946 年 1 月，召开政治协商会议。这是中国国民党、中国共产党以及各民主党派（民盟、青年党等）为抗战后的和平建国大业在重庆召开的会议。出席会议的中共代表是周恩来、董必武、吴玉章、陆定一、叶剑英、邓颖超和王若飞，随行的还有大批工作人员。在重庆要找到一处既安全又容得下中共代表团的住所确实很难。这时，董必武想到了李祖贤这位口碑甚佳的著名工程师，并通过其堂兄、民主人士李祖绅找到了他。李祖贤深明大义，当即提供位于上清寺两路口三益村的两幢楼房，给中共代表团无条件使用。这两幢楼房是李祖贤自己置地并设计施工的产业，现为“红岩革命纪念馆中共代表团驻地”，被列入重庆市第一批革命历史文物保护单位。

此后，李祖贤曾前往香港，参与填海工程。香港平地少山地多，为寻求城市发展空间，自1842年起不断地移山填海、开拓平地。重要的工程有文咸填海计划、铜锣湾填海工程、湾仔填海工程、西环至中环填海工程、九龙湾填海计划、启德机场扩建工程等。这些向大海要来的土地，都已成为人烟稠密的繁华之区。随着解放战争节节胜利，内地出现了空前的移民潮，弹丸之地的香港人满为患，准备在沙田车站与沙田正街之间实施新的填海工程。六合公司闻讯赶来，并且一举中标，不仅参与盖楼房，还修公路、造桥梁、筑堤坝。这项工程于1951年完成，占地面积达 15平方千米，并在填海地上发展成沙田墟，公司实力也因此得到了极大提高。

助力国家建设

中华人民共和国成立后，神州大地百废待兴，第一个五年计划即将实施，各地都急需高水平的工程建设力量。中南军政委员会建设厅邀请李祖贤到武汉晤谈，希望他能放弃私营企业家的身份，投身于伟大的社会主义建设事业。李祖贤当下立刻答应。当时的六合公司基本成为李氏家族的企业，由李祖贤与四弟李祖法、堂弟李祖范合作经营。李祖范毕业于美国麻省理工学院，后来应表哥方液仙之邀，转任中国化学工业社经理。李祖法毕业于美国耶鲁大学，个人事业主要是经营美国人开设的永享人寿保险公司，但与六合公司的关系较为密切，负责打理公司财务。李祖贤虽是全面负责，但精力主要放在业务、工程施工管理方面。1951 年，李祖贤率公司全体员工携带全部资产加入中南军政委员会建设厅，把六合公司交给了国家，自己回到本行当建筑工程师，成为一个领工资的国家技术干部。在李氏家族第四代中，他的转型最为彻底：由父辈的投资型转为技术型企业家，又由技术型企业家转为无资产无企业的工薪阶层。

自此，李祖贤以满腔热情投入国家建设事业，曾任武汉冶金建设公司总工程师。1953 年，以建立我国社会主义工业化的初步基础为目标，国家开始进行大规模、有计划的经济建设。号称“九省通衢”的武汉市，就有两个举世闻名的建设工程——武汉钢铁厂与武汉长江大桥。前者是中华人民共和国成立后由国家投资建设的第一个特大型钢铁联合企业，1955 年 10 月破土动工，1958 年 9 月正式投产，毛泽东曾登上一号高炉观看第一炉铁水奔流。后者是中国长江第一桥，1955 年 9 月正式兴建，1957 年 10 月胜利通车。毛泽东兴奋地写下“一桥飞架南北，天堑变通途”的名句。李祖贤负责这两个标志性建设项目的技术工作。此外，李祖贤还先后负责过武汉市东湖风景区和洪峒地区规划，成为武汉地区颇具影响力的建筑界权威，被评为国家一级工程师。

与此同时，李祖贤还积极参与国家钢铁骨干企业——黄石大冶钢厂的扩建工程。工程所在地地形复杂且有空洞裂隙，还有一片沼泽地，施工难度很大。他凭借自身高超的技术予以妥善解决，保证了工程质量。后又参与筹建广东韶关钢铁厂。

由于李祖贤的杰出贡献，他先后当选为湖北省人大代表和湖北省、广东省政协委员，还担任过黄石市政协主席。

1966 年初，年过古稀的李祖贤经冶金部批准退休回沪，曾任上海市静安区政协委员。1981 年，因病在上海与世长辞。自 1922 年创办六合公司至 1966 年退休，四十四年如一日，李祖贤为祖国建设事业做出了突出贡献。值得庆幸的是，他亲眼看到了中国改革开放春天的到来，他所钟爱的事业后继有人。其女李玫毕业于上海同济大学建筑系，是上海市教授级高级建筑师。女婿张绍梁，曾任上海规划设计院副总工程师、上海市城乡规划环境保护委员会副主任兼上海市城市规划管理局局长，参与上海市城市总体规划编制工作。1988 年中央决定开发浦东时，张绍梁曾主持描绘《浦东新区总体规划初步方案》。

第三节　魏清涛

魏清涛（1854—1932），余姚牟山湖北面魏家村人，祖上在上海经营木行。魏清涛早年到上海习木匠手艺，后任魏清记木行经理，约19世纪末独资在上海创办魏清记营造厂。

▲ 魏清涛

1921年，魏清涛与同乡发起创设中央信托公司，任董事。他还担任过浙绍公所董事，绍兴旅沪同乡会董事、副会长，上海总商会会员。魏清涛情系故乡，热心公益，每次家乡发生自然灾害时，他总是带头捐款捐物。他还多次出资赞助寰球中国学生会，这是中国近代成立时间最早、规模最大的归国留学生社团组织，于1905年在上海成立。1919年和1923年出版的《寰球中国学生会周刊》先后刊登过“本会赞助会员”“赞助本会最力者”魏清涛的照片。

20世纪20年代，魏清涛在故乡建起一座中西合璧的宅院，为钢筋混凝土结构，共三进，第一进与第二进均为两层，第三进为厨房、仓库和发电机房。院外东西两角分别建有三层楼的八角形塔楼，地面为磨石子，地脚线、顶幔均用图案加以装饰。这座宅院曾作为小学校舍使用。

魏清涛为人慷慨明理，真心识人，诚心助人，乐于结交同业，在上海营造业颇有声望。他曾全力支持上海近代建筑业的创始人杨斯盛。当杨斯盛提出重修鲁班殿、成立同业团体时，他摈弃地域偏见，率先捐款320两白银，率绍兴同业与上海本地建筑同人实行联合，于1906年成立沪绍水木工业公所，积极为同业谋公益。1893年，杨斯盛承建上海外滩江海关北楼。作为挚友，魏清涛为之拍手叫好并鼎力相助。当外滩江海关二期工程遇到资金短缺时，他闻讯即“调头寸”。当工程急需大尺寸洋松时，他调拨木材运到工地。他有一手木工好技艺，亲自带班到工地做木窗安装、地板铺设、护墙板镶嵌等木工活，为保质保量按时完成工程付出了不少努力。1918年魏清记营造厂承建永安公司大楼时，在工地做瓦筒小包的陶桂松早出晚归，认真负责。魏清涛爱惜人才，就有意加以栽培。1920年，陶桂松创办陶桂记营造厂，承建永安纱厂厂房、永安新厦“七重天”、外滩中国银行新厦、美琪电影院、沪光电影院等，曾任上海市营造同业公会理事、名誉顾问。

作为上海近代第一批营造厂，魏清记营造厂赶上了20世纪初期上海城市大发展的机会，改变了水木作规模小、承接工程小的小作坊模式，不仅有熟练的工人队伍，还有专人从事经营和管理。正由于营造技术和管理水平的重大突破，魏清记营造厂承建了一批规模大、影响广、技术复杂的工程，如商务印书馆、永安公司（现华联商厦）、西侨青年会和青年协会大楼（虎丘公寓）等。

1907年，商务印书馆在上海闸北宝山路建设规模宏大的印刷厂，占地面积80余亩，由各种厂房及办公楼组成，配备机器1200余台，职工千余人。印刷厂主体工程为四层钢筋混凝土结构，平屋面、钢门窗，呈现近代先进工业技术水平。魏清记营造厂面临这样的硬仗，知难而上，迎接新技术的挑战。建成后，此处成为商务印书馆的总厂，包括4个印刷所和编译所等，可惜在1932年日军“一·二八”轰炸中被毁。

上海永安公司是上海老字号，是旧上海南京路上著名的“四大公司”（即先施、永安、新新、大新百货公司）之一。1916年，广东中山籍的郭乐、郭顺兄弟以每年5万两白银的高额租金从哈同手里租得南京路浙江路口8亩多地皮，请著名的英商公和洋行设计，决定建造一栋巍峨的“永安”大厦。郭氏兄弟打听到商务印书馆这样的大型现代工程魏清记营造厂都能建造，就放心地将该工程交给魏清记。永安公司大楼位于南京路635号（即浙江路口西南角），对面是刚落成的先施公司，魏清涛以先施公司为目标，调集精兵强将，立下军令状，一定要顺利建成大楼。1918年，一栋六层英式混凝土结构的营业大楼建成，为折衷主义古典式风格，占地面积 5681.5 平方米，建筑面积 30992.3 平方米。建筑平面略呈正方形，六楼顶上有精美的浮雕和“永安”字样。外墙用圆柱与贴壁方柱修饰，朝向路口的东北角沿街处理为弧形。位于南京东路浙江路转角的是大门，呈弧线状。沿南京路有三座爱奥尼克双柱式拱形大门，一层临街有十扇大面积玻璃橱窗，首开上海商场以沿街橱窗陈列商品的先河。一楼以上各层都有挑出的铁栏杆大阳台，二楼和六楼均建有长廊，配铸铁栏杆。外墙用水磨石饰面，底层铺面为马赛克地坪，楼上均铺打蜡地板。顶部有两层高的塔楼，名为倚云阁。倚云阁内设有座位，并有表演台，顶部有屋顶花园。铺面至四楼为商场，五楼为办公室、会客室、食堂等。大东旅社、大东舞厅、茶座分布在二楼至五楼。1918 年 9 月永安公司开张营业时，各家报纸纷纷进行报道，轰动上海滩。1989 年 9 月 25 日，老永安公司大楼被上海市人民政府公布为市级文物保护单位。

青年协会大楼又称虎丘公寓，位于上海虎丘路 131 号，原名中华基督教青年会全国协会大楼（简称“青年协会大楼”），1919 年由国际基督教青年协会集资兴建，1920 年竣工，1924 年又扩充改建，占地面积 1031 平方米，建筑面积 4799 平方米。大楼坐西朝东，六层钢筋混凝土结构，采用维也纳分离派式，平面布局为合院式，入口立面内凹对称。大楼设计时原为办公及住房两用建筑。大门临街有水泥圆形立柱两根，两侧各有五扇玻璃钢窗，临街大门置一对古典的塔司干柱子，有硬木框方玻璃方格门。进门为穿堂，竖爱奥尼克组柱八根，花砖地坪，穿堂对门两侧有电梯两座，中为磨石子踏步楼梯，铸几何形直棂式铁栏杆。二楼扶梯旁边建有平台一座。大楼每层有单间至四间套房供租用，内部设施参照当时美国普通公寓的标准，水泵、水汀、锅炉等设备一应俱全。1925 年，美国芝加哥大学电气工程硕士、曾任职于美国西屋电气制造公司的镇海人丁佐成回国后到上海创业，在博物院路 20 号（今虎丘路 131 号）虎丘公寓二楼租了两间写字间，创办中华科学仪器馆，开始仪表制造。1927 年，该馆改为大华科学仪器股份有限公司，是中国第一家自主生产仪器仪表的企业。丁佐成也被誉为中国仪表工业的先驱。我国第一只国产电表——“大华”牌电表就在这幢大楼里诞生。中华人民共和国成立后，青年协会大楼一度被用作上海市青年宫分部，现为合用式公寓。1999年9月23日被公布为上海市优秀近代建筑。

西侨青年会坐落在静安寺路（今南京西路150号），国际饭店之东侧。西侨青年会创立于1928年，由美国人费彻、洛克菲勒、克瑞及达莱等人倡议并筹款建立。此建筑由上海哈沙德洋行建筑师安铎生设计。大楼建筑功能丰富，内有更衣室、体操室、理发店、游艺室、阅览室、图书室、弹子房、裁缝店及客房，还有体育馆、游泳池等。整座大楼建筑面积7000余平方米。二层和三层用巨柱及拱形大长窗，四层以上则用凹凸条（竖向）长窗。大楼内有建成于1928年的上海第一个温水游泳池，池水保持恒温，一年四季都可游泳。楼内建游泳池对施工而言是很大的挑战，如不解决好游泳池底板浸水和大楼基础处理问题，就会导致游泳池漏水腐蚀大楼基础。因此，提高水泥标号，密实捣制游泳池底板的混凝土成了关键。魏清涛派监工日夜监督，终于高质量完成作业。大楼建筑外立面用面砖拼镶图案，既要耐心拼镶，又要做到整齐划一，魏清涛为此配了一批最好的泥工，不惜工时，精工细作。竣工后的西侨青年会美轮美奂，简直像一件雕琢出来的工艺品。太平洋战争爆发后，西侨青年会被日军接管，改名为东亚体育馆。中华人民共和国成立后，由人民政府管辖，后属上海市体委，成为市体委俱乐部，是上海优秀历史建筑。

汉口是第二次鸦片战争后开辟的长江对外通商口岸。20世纪初期，汉口租界大兴土木，正处于发展兴盛时期。1911年，魏清涛从上海来汉，承建位于汉口㵐水河岸的谌家矶造纸厂，建有厂房、仓库、锅炉房、烟囱、水塔、宿舍、办公室、厨房等，占地面积1.8万平方米，有砖木结构和砖混结构等，为当时颇具规模的工业建筑群。魏清涛为此派“重兵”驻扎汉口，摸清当地地质情况和石材、黄沙、水泥产地，稳扎稳打完成任务，开创了良好局面。这也使魏清涛看到汉口的巨大发展前景，开始把事业重心转移到汉口。

▲ 汉口电话局大楼

1912年，魏清记营造厂开始承建汉口电话局大楼。由于该项目的成功，魏清记营造厂于1914年在武汉设立分厂经营，是上海较早赴外埠发展的营造厂之一。汉口魏清记正式成立后在武汉承建的重要工程有江汉关大楼、亚细亚大楼、花旗银行大楼等，均是武汉地区知名的近代建筑。虽然魏清记营造厂在汉口承建的项目数量不多，但多是由外国著名建筑设计师设计的、难度和规模都特别大的建筑项目。汉口江滩就如上海外滩一样，是城市近代化的标志，也是汉口近代建筑的集中地，以江汉关为始，自西向东依次有日清轮船公司、横滨正金银行、太古洋行、花旗银行、汇丰银行、亚细亚火油公司、穗丰打包厂、三北轮船公司八幢经典建筑，均为魏清涛的魏清记营造厂和沈祝三的汉协盛营造厂所建造。

▲ 20 世纪 30 年代的江汉关大楼

▲ 江汉关大楼

第四节　庄　俊

▲ 庄俊

庄俊（1888—1990），字达卿，原籍宁波，出生于上海。他是第一位接受西方建筑教育、最早创办并经营建筑师事务所的建筑师之一，为中国现代建筑事业的发展做出了巨大贡献。1985 年，在城乡建设部为庄俊举办的从事建筑设计 70 周年庆祝会上，中国建筑学会特授予他“建筑泰斗”荣誉证书。

庄俊幼年丧父，家境贫困，靠其大伯经营的祖传酒行“庄源大”分其部分利润以维持家中生活。他自幼勤奋好学，先后就读于上海敬业学堂和南洋中学，1909 年考取唐山路矿学堂（唐山交通大学前身），1910 年考取第二批庚款公费留学转入清华留美预备学校，同年远渡重洋去美国伊利诺伊大学学习建筑工程，开启了中国学生赴美学习建筑的先河。留学期间，他在大学总工程处兼职绘图员以补贴生活，还担任过伊利诺伊大学中国学生会副会长、美国中国学生联合工程委员会主席。1914 年毕业，获建筑工程学士学位，这为他日后从事建筑师职业打下了坚实的基础。回国后，他被清华学堂聘任为讲师和驻校建筑师，协助美国建筑师墨菲完成清华学堂的校区建设规划与设计。1916 年至 1920 年，清华历史上著名的“四大建筑”先后动工，庄俊配合设计并主持了图书馆、体育馆、科学馆和大礼堂这四大建筑的监造。作为近代中国被授予“建筑师”职务的第一人，他还负责了天津裕大纱厂、扶轮中学和唐山路矿学堂的校舍设计，担任外交部顾问建筑师。1923 年秋，庄俊再度受清华大学委派，带领 100 多位学生赴美留学，并前往纽约哥伦比亚大学研究院进修。后来清华学堂一些学生走上学习建筑学的道路以至名家辈出，应该说庄俊起到了很大的启发作用。他在那一年到欧美各国游学考察，除了古典、折衷主义的建筑，也接触到现代主义的早期建筑，从而更加明确了今后的职业发展方向。

1925 年回国后，庄俊在上海创办庄俊建筑师事务所，第一个项目是上海金城银行大楼（今交通银行）。于 1928 年建成的金城银行，采用庄重对称的英国新古典派道维克式立面，入口两侧为希腊多立克柱，上部三角形梁上雕刻该行标志龙、凤、斧头图案，设计中体现了庄俊在风格和用材上的专研与独到。在当时众多的上海中资银行里，新古典主义风格的金城银行显得格外华贵、典雅，使中外业界信服中国人也能设计现代化和艺术化的大型建筑，庄俊亦因此而声名鹊起。1933 年第 4 期《中国建筑》刊载了庄俊设计的上海金城银行摄影 27 帧。

1925 至 1938 年是庄俊的创作高峰期。经他设计的建筑项目，遍及京、津、沪、宁和东北等地，其中有济南、哈尔滨、青岛、大连和徐州的交通银行大楼，汉口的金城银行及金城里、大陆银行及大陆坊，上海的中南银行大楼、大陆商场、科学院上海理化试验所、交通大学总办公厅和体育馆、孙克基妇产科医院（现长宁区妇产科医院）、海古柏公寓及上海四行储蓄会（虹口公寓），南京盐业银行等。此外，他还设计了一批住宅建筑。1934 年第 3 期《中国建筑》刊登过庄俊设计的青岛交通银行摄影 6 帧，并配有“新派建筑也好，古派建筑也好，建筑目的，所为的不过是适用与坚牢，费用十分经济，业主岂不更道好”等介绍文字。

庄俊本人性格谦逊有礼，作风严谨，他手下的建筑大都流露着庄重华贵、古朴典雅、细致精到的气质。在设计过程中，他还尽量考虑选用国产建筑材料和设备，以促进民族工业的发展。庄俊的早期作品为西方古典风格，到 1932 年设计上海大陆商场时风格开始趋向简洁，20 世纪 40 年代之后则朝现代主义偏移。与他同时代的建筑评论家曾这样评论庄俊的作品：“盖古典派建筑，如中国之骈体文，稍有离题，即画虎类犬，且其雕饰、柱头、花线等，均足以耗金费时，故建筑家多有避之者。庄建筑师不避繁难，是其勇敢处，不惮物议，是其果决处，均非常人所能及。”

庄俊设计的上海大陆商场是其建筑艺术的代表作。该建筑位于南京东路步行街 353 号，楼高十层，外部立面只有局部简洁的纹饰。1933 年建成开张时，其名为大陆商场，后曾改名为慈淑大楼、东海大楼、东海商都、353 广场。由于地基位于南京路黄金地段，庄俊设计了一个沿周围马路的平面方案，中间设内院。为提升商场功能，他十分考虑客户的需要，设置了东南北三面直通马路的客流通道，其中两个通道沿街建筑设过街楼，既改善了大楼采光和通风，又方便交通，体现出人性化的设计理念，营造出一种低调中的奢华氛围。

庄俊在汉口留下的作品是汉口的金城银行及金城里、大陆银行及大陆坊。庄俊之所以能成功地进入汉口的建筑设计市场，与其事务所成立后的第一个业务项目——上海金城银行大楼的成功

▲ 汉口金城银行广告　　▲ 汉口大陆银行广告

颇有关系。金城银行、大陆银行、中南银行与盐业银行在近代中国有“北四行”之称，关系甚密。1931 年，上海大陆商场委托项目的再次成功，使得庄俊声誉大增。

▲ 金城银行旧址

1927 年，庄俊与张光圻、吕彦直、范文照、李锦沛等中国现代著名建筑师一起发起组建中国建筑师学会，其宗旨为团结建筑师，交流技术，维护建筑师的合法权利，是我国成立较早、社会影响较大的全国性学术团体。庄俊当选为首任会长，以后又多次获选连任会长和董事。学会制定了建筑设计市场竞争的相关规则，规定了建筑师在执业过程中应尽的职责和详细的收费标准，旨在有效地规范建筑设计行业，保护建筑师的利益，杜绝行业内的恶性竞争，同时团结行业内的各种力量。学会活动包括交流学术经验、举行建筑展览、仲裁建筑纠纷、提倡应用国产建筑材料等。1932 年，学会创办期刊《中国建筑》，办刊宗旨为“融合东西建筑之特长，以发扬吾国建筑物固有之色彩”，成为当年沪上行业交流、职业规范、学术争鸣、学科建设的主要载体。庄俊曾在期刊上发表《建筑之式样》一文，对西方现代建筑影响下产生的建筑理论进行探讨。在长达 24 年的时间内，庄俊为实现学会的宗旨不懈努力。学会订有“诫约”，包括不与同行争夺业务，不准不合理地降低设计公费，不得向任何方面收受额外费用等内容，对增强建筑师的团结起了重要作用，同时提高了建筑师的职业道德。

▲ 大陆银行旧址

1929 年，教育部第一次全国美术展览会在上海新普育堂举行。其中的建筑部是中国近代史上第一次公开的建筑展览，也是第一次有建筑师参与策划的建筑展览会。参展的有吕彦直的中山陵墓图案和广州中山纪念堂、庄俊的金城银行大楼等展品 34 件。1936 年 4 月，中国建筑师学会与北京营造学社等共同发起，在上海举行中国建筑展览会，以展示中国建筑师的发展成就。全国各地前来参观的总人数超过 4 万，盛况空前。《申报》为此发行特刊，从展会发起、展品目录到建筑评论进行全面报道，后大部分被收录于《中国建筑展览会会刊》。1942 年太平洋战争爆发，日军占领租界，庄俊暂停执行建筑师的业务，拒绝与日伪政权打交道，在大同大学和沪江大学夜校教授一些课程，并在此期间培养出一

▲《中国建筑》书影

批青年建筑师。

中华人民共和国成立后，庄俊毅然结束苦心经营25年之久的事务所，历任华北建筑公司总工程师、中央建筑设计院总工程师、设计总局总工程师、上海华东工业建筑设计院总工程师等。他曾参与首都人民大会堂等十大建筑群的建筑设计，1958年于华东工业建筑设计院退休。他晚年从事编写工作，编著有《英汉建筑工程名词》。1988年11月是庄俊百岁寿辰，上海欧美同学会为他举办了寿庆活动，美国伊利诺伊大学建筑学院院长麦肯奇教授偕同夫人，特地来沪向他祝寿，并授予其荣誉证书，以表彰他近一个世纪以来为中国建筑事业做出的卓越贡献。1990年4月25日，庄俊先生在上海与世长辞，终年102岁。其子庄涛声，曾留学美国攻读建筑，毕业后在纽约的建筑师事务所工作，1950年回国投入建设，任职于北方交通大学唐山工学院建筑系和同济大学建筑系，著有《建筑的节能》等。

第五节　王信伯

▲ 王信伯

王信伯(1897—1969)，曾名王信德，出生于浙江鄞县一个农民家庭，在家排行老三，有两个哥哥。王信伯 9 岁那年被送到私塾发蒙，酷爱读书，后考入位于宁波江北岸槐树路的崇信中学（今宁波四中）。该校前身是美国长老会麦嘉缔博士于 1845 年在槐树路创办的崇信义塾，这是浙江区域内最早的男子洋学堂，也是宁波四中办学史上的源头。崇信义塾于 1868 年迁杭州，改名育英义塾，即之江大学的前身。1881 年，美国长老会在槐树路原校舍续办崇信书院，在 1912 年发展成为崇信中学。学校开设有外语、数学、天文、地理等课程，免收学费和住宿费，聘请一批外国人当老师，把当时西方先进的教育理念渗透在日常教学之中，影响了宁波的传统教育。

王信伯是崇信中学正式开办初期的学生，在校期间认真学习英文和自然科学知识，从而打下了扎实的基础。在崇信中学毕业后，王信伯考入位于宁波江北岸泗洲塘的斐迪学校大学预科班学习。斐迪学校前身是英国循道公会于 1860 年在宁波解放北路竹林巷创办的私塾，1906 年在江北岸泗洲塘建成占地面积 20000 平方米的新校舍。1912 年改名为斐迪学校，设初中、高中、大学三部，共八个班级，其中五班至八班为大学预科班，有学生 200 余名。因此，该校亦有“斐迪大学堂”之称。活跃于近代中国工商界的上海“颜料大王”周宗良，中国化学工业社创办人、爱国实业家方液仙，在上海创办宁绍人寿保险公司的保险业先驱胡泳骐，曾任上海水产学院院长的鱼类学家朱元鼎和中国现代遗传学奠基人谈家桢院士等，早年都就读于斐迪学校。

1918 年，王信伯经堂兄介绍离开宁波去上海，先到一家营造厂当学徒。当年 7 月，美国近现代著名建筑师亨利·墨菲和合伙人丹纳在上海外滩开办了个人事务所“茂旦洋行”。不久，王信伯进入上海茂旦洋行工程设计事务所学习绘图。墨菲曾规划设计了长沙雅礼大学、北京清华学堂（清华大学）、南京金陵女子大学、上海沪江大学、福建协和大学、北京燕京大学等多所大学校园，受聘担任过南京国民政府的建筑顾问，1929 年主持制定了南京建设的纲领性文献《首都计划》。负责设计南京中山陵和广州中山纪念堂两大建筑的中国建筑师吕彦直曾是墨菲的助手。在名师的指导下，王信伯在尽心做好本职工作的同时，潜心学习建筑设计知识和相关理论，用 3 年业余时间坚持念完上海交通大学建筑专业课程，这为他日后的建筑设计生涯奠定了坚实的基础。

1921 年，王信伯从报纸上看到一则汉口景明洋行工程设计事务所招聘工程人员的启事，便从上海赶到汉口应聘。他既有在营造厂和工程设计事务所工作学习的经历，又系统研修过大学的全套建筑课程，因而被顺利选中。英资景明洋行由毕业于英国伦敦皇家建筑学院的建筑师海明斯和伯克利共同创立，集聚了一班素质较高的技术人员。1948 年《汉口市建筑师开业登记清册》中，

▲ 中国银行汉口分行大楼

华人建筑师有29名，其中大半出身景明洋行。

在景明洋行工程设计事务所期间，王信伯虚心好学，踏实肯干。1920年至1926年，汉口景明洋行设计了汉口横滨正金、花旗、麦加利、浙江实业、浙江兴业等银行建筑和德林公寓、亚细亚火油公司汉口分公司、卜内门洋行等建筑。王信伯曾参与相关设计工作，不久被提升为该所的华人工程部主任。1925年，王信伯改任中国银行汉口分行建筑工程师，同年秋在汉口创办了自己的工程设计事务所，相继设计了汉口堆栈、星记堆栈和远东饭店，从事过中国银行汉口分行大楼及大华饭店的室内设计，一时声名鹊起。

▲ 汉口横滨正金银行大楼

▲ 亚细亚火油公司汉口分公司大楼

汉口作为一个典型的商业型城市，对商品储存有极大的需求。客商贩运货物到汉口均先存入堆栈（有的地方也叫货栈），这成了一种固定的模式。民国时期，汉口的堆栈业（即仓储业）十分繁荣，并发展为具有整理加工货物、代理搬运、转运货物、代理买卖、代收货款、代理报关、供给商人各地运费及商业行情等多种职能的综合性服务行业，在汉口商品流通和金融中占据重要地位，在汉口商业贸易发展中有着不可替代的作用。

1929年，王信伯的建筑设计工作重心移到有“小汉口”之称的沙市。湖北沙市原为湖北省省辖市，现为湖北省荆州市中心城区。王信伯在沙市承接的第一件工程“作品”就是沙市纱厂。主厂房的屋面跨度大，为此他设计出了锯齿形屋盖，使主厂房的采光、通风和屋面排水都达到较好的效果。王信伯曾任沙市市政整理委员会工程股副股长兼设计组组长，实际负责整个城市的规划、市政设施事宜。他设计的沙市中山公园于1933年正式动工，到1935年4月初步完成，共建成楼阁馆堂18座，桥梁12座，占地面积18万平方米，使昔日荒野之地焕发生机。沙市中山公园现总面积74.62万平方米，是江汉平原上第一大公园，也是全国第一大中山公园。同时，王信伯还设计了沙市中山路、三民路、克诚路、便河路与临江路共五条大马路，使沙市步入了现代城市的行列，他也被誉为近代沙市的“城市之父”。

中华人民共和国成立初期，王信伯曾受聘于上海华东纺织工学院，主持学院创建时期的建设。1956年退休，1969年病逝于上海。

第六节　沈中清

武汉大学早期建筑群是20世纪30年代唯一完整规划且在7年内一气呵成建成的中国大学校园建筑，共30项工程68栋。除沈祝三的汉协盛营造厂和李祖贤的六合公司之外，还有一位宁波人从1929年到1936年，协助设计过国立武汉大学牌楼和半山庐等，且自始至终参与了国立武汉大学新校区的勘测和建造。他就是甬籍建筑专家沈中清。

武汉大学一期工程确定珞珈山为新校址后，学校邀请美国建筑师开尔斯来进行新校舍的规划设计。开尔斯要武大建筑设备委员会提供珞珈山一带的详细地形图。时任代理校长刘树杞便前往汉口邀请他麻省理工学院的同窗缪恩钊来校。缪恩钊教授是江苏常州人，清华大学毕业后赴美留学，获麻省理工学院、哈佛大学土木工程系学士学位，回国后历任上海路矿学校教授、湖南大学土木工程系教授兼主任、汉口亚细亚工程部及美孚洋行建筑部工程师。缪恩钊教授应聘担任武汉大学建筑设备委员会监造工程师，主要负责设计施工技术监督、结构设计、水暖设计等。同时，他还特别邀请时年21岁、在汉口永年洋行任测绘员的沈中清，参加武汉大学早期建筑群的建造。沈中清作为国立武汉大学建筑设备委员会工程处的职员，先从事绘图员的具体工作，后作为工程技术员，协助缪恩钊教授监造新校舍工程，具体负责生活及教学辅助用房的建筑设计、工程质量检查、总平面管理、市政建设、征用土地等。

1929 年开始勘测规划武大项目，主轴线为李四光先生勘测所定。勘测工作具体由缪恩钊教授负责。3 月 18 日，沈中清和 4 名测工携带从湖北省建设厅借来的全部测量仪器和设备，从当时大东门以内的武昌城里步行到珞珈山新校址。他们选择在珞珈山北麓先行搭盖茅草工棚临时住下，按照美国设计工程师开尔斯的要求，开始测量并绘制地形图，为施工单位进场做前期准备。校园内有珞珈山、狮子山、火石山、笔架山、乌鱼岭、小龟山、侧船山、半边山、团山、廖家山、郭家山、陈家山等十余座大小山丘，外有东湖水半面环抱。其中，珞珈山立于校园中央，东西长 1280 米，占地面积 540 亩，海拔最高处为 118 米，为群山之首。狮子山静卧在校园西北，与珞珈山南北相望。其余几座小山头簇拥在它们周围。其时，十余座大小山丘荆棘丛生，坟冢遍地，荒无人烟，也没有道路。沈中清等人临时搭建、安营扎寨的茅草棚位于荒山野岭，不时有野兽来袭，环境异常艰苦，故又租借了广东商人刘燕石在珞珈山北的一处私人庄园居住和工作。沈中清曾回忆道:“那时落驾（珞珈）山上树藤杂草一片原野，五里之内没有人烟，山上野鸡野兔常有遇见。有时刘公打一只野鸡给我们加餐。晚上

▲ 1931 年国立武汉大学木制牌楼

我们用煤油灯照明做内业。”在监造工程师缪恩钊的领导下，沈中清等人夜以继日，经过5个月的艰苦努力，按时完成了勘测任务。开尔斯构思图纸时，常常在山上一站就是数小时，半年后完成了总设计图。8月，湖北省政府公布校园范围，东以东湖滨，西以茶叶港，北以郭郑湖为界，南面自东湖滨切至茶叶港桥头，总计面积3000余亩。学校用7块银圆一亩水田、5块银圆一亩山地的价格买下校舍用地。10月，建筑设备委员会正式聘开尔斯为新校舍建筑工程师、监造工程师、工程处负责人，负责施工技术监督及部分结构、水暖设计，同时通过了总设计图，聘结构设计师莱文斯比尔、萨克瑟为助手。

为保质保量完成武汉大学早期建筑群项目，沈中清等人付出了许多心血。经过近百年的风雨洗礼，校园建筑的主体结构仍坚固如初、熠熠生辉。沈中清还与缪恩钊一起设计过珞珈山最早的三座小型附属建筑——珞珈石屋、听松庐、半山庐，以及武汉大学牌楼等，并从事国立武汉大学农学院、农艺实验室、农学院教学辅助用房（包括门房、办公室、花房、农具房、种子房、猪房、羊房、鸡房和乳牛房等）、一区教授住宅、二区教职员住宅、三区教职员住宅、动力室、沉淀池、滤水机房、实习工厂、实验小学、生活服务用房、公共汽车站、运动场、水塔等建筑项目，后成为武汉大学第一任建筑设计室主任。

沈中清还曾在武汉大学建筑设计院工作，他于1982年3月撰写的《工作报告——参与国立武汉大学新校舍建设的回忆（国立武汉大学新校舍建筑简史）》存于武汉大学档案馆。此外，武汉大学校友总会网站珞珈文苑栏发布有沈中清的《街道口牌楼考》：

1929年选定校址时，珞珈山及其附近都是荒山田野和羊肠小径。经学校函请湖北省建设厅自街道口校区建筑一条专用道路，宽10米、全长1.5公里，于1930年2月通车，命名为大学路。

1931年在街道口大学路起点一侧建筑了一座木结构牌楼，象征着学校的大门，油漆彩画甚是别致，惜于次年毁于龙卷风。后于 1934 年采用钢筋混凝土结构重新建筑，迄今已五十年。牌楼横幅正是：国立武汉大学，横幅背面是“文、法、理、工、农、医”六个大字。

文章的发布时间是 2008 年 6 月 12 日，并加注 :“作者为武汉大学基建处工程师，曾参与武汉大学老建筑建设的测量工作，现已去世。”

第七节　项惠卿

项惠卿，生于 1879 年，宁波鄞县人。早年在家乡读过私塾，后在前清船政局肄业。1896 年至 1906 年，项惠卿在上海李合顺营造厂担任监工和外埠分厂主任等职。1908 年，他在汉口自创汉合顺营造厂，任经理。汉合顺营造厂是汉口营造业中活跃时间最长、建造量较大的营造厂，一直到中华人民共和国成立初期，项惠卿还是武汉营造业的代表人物之一。汉合顺在汉口先后承建的

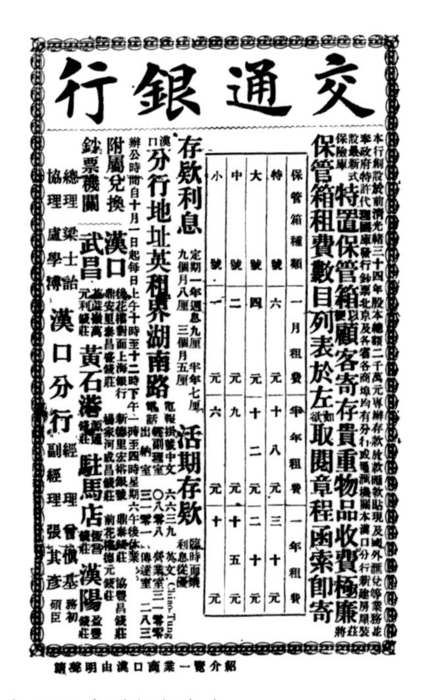

▲ 汉口交通银行广告

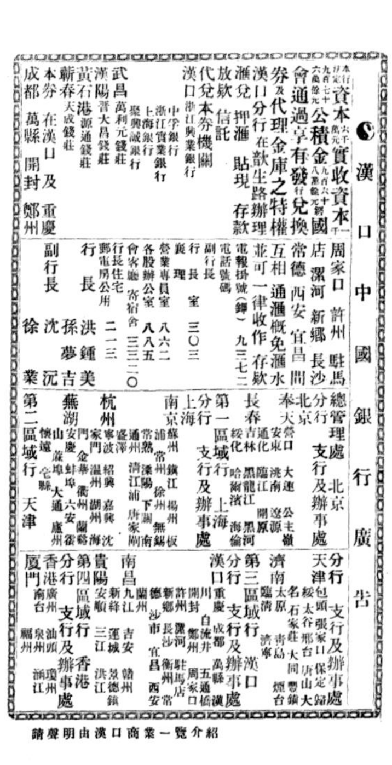

▲ 汉口中国银行广告

▲ 汉口新市场广告

工程主要有平汉铁路局、中国银行大楼、新市场、德明饭店、华商赛马公会、汉口交通银行、南洋大楼、盐业银行、汉口银行公会、宝顺洋行、共舞台改建等。住宅建筑有楚善里住宅 29 栋、泰宁里、泰康里、泰安里、泰余里、昌业里、汉安里、四成里、义成里、怡和新村、王洸房子、杨森公馆、海关税务司住宅等。此外，还承建了河南骑兵旅营房、兵工署孝义子弹厂、萍乡被服厂等外埠工程。

1938 年，项惠卿带汉合顺营造厂随政府西迁，在重庆设业 8 年，承建军政部纺织厂、军政部发电厂、第一兵工厂（前身为张之洞创办的汉阳兵工厂，原生产“汉阳造”步枪，于 1939 年 9 月内迁至重庆）职工住宅、兵工署地面库及洞库、青年军营房等工程，其中第一兵工厂的职工住宅 100 栋。1946 年秋，他回到汉口复业，曾任汉口市商会会董、营造业公会副会长、宁波旅汉同乡会会长等职。此外，项惠卿十分热心公益教育，曾任重庆民全小学校董、立人中学校董及汉口宁波小学校董等职。

▲ 德明饭店旧址

▲ 南洋大楼

▲ 1931 年汉口大水中的义成里

第八节 康炘生

康炘生，宁波鄞县人（其老家后被划归奉化，故有些资料提及他为奉化人）。1908 年，康炘生在汉口创办康生记营造厂，其创办时间与沈祝三的汉协盛和项惠卿的汉合顺同年，是汉口宁波帮营造业中长盛不衰、影响较大的一家。康生记在汉口先后承建的工程主要有扬子江饭店、康成酒厂、美国海军青年会、老天宝银楼、江汉中学、浙江兴业银行、明星电影院、南湖飞机场等。此外，还承建了岱家山大桥、通孚堆栈以及庆安里、如寿里、公

▲ 汉口美国海军青年会旧址

德里、联保里、长清里、义祥里、伟英里、江汉村等大量住宅建筑。

1945 年，康生记分为甡记和叶记，由康炘生的两个儿子分别任经理。康炘生的孙子康际方曾任武汉建工（集团）有限公司总经理，为武汉建筑领域做出贡献。

漢口
浙江興業銀行廣告

本銀行於前清光緒丁未開業至今已十三年 收足資本一百萬元公積金三十九萬餘元專辦銀行一切業務茲將重要科目開列於左如蒙 賜顧請至本行面議一切可也

各種存款 定期·往來·隨時·囑託·儲蓄·各項存息格外從優另有特種定期存款通知存款兩種尤爲優越便利 抵押放款 押匯 貼現 欠息克己手續迅速 匯兌 通匯地點另載於後並於上海杭州漢口北京天津奉天哈爾濱各地備有活支匯票以便旅客各埠辦貨之需

總行 上海北京路十四號 (支行)杭州 省城保佑坊 漢口 歆生路 北京 前門外施家胡同 天津 宮北大街 (分莊)奉天 省城鼓樓北 哈爾濱 道外北四道街

通匯地點代理處(國內) 浙江 紹興 金華 嘉興 蘭谿 湖州 寧波 溫州 鎮海 海門 餘姚 江蘇 常熟 丹陽 松江 揚州 南京 徐州 下關 清江浦 蘇州 南通州 無錫 宜興 常州 溧陽 鎮江 安徽 蕪湖 蚌埠 安慶 合肥 宣城 大通 江西 九江 贛州 南昌 景德鎮 湖南 長沙 湖北 武昌 宜昌 河南 開封 山東 濟南 煙台 膠縣 青島 臨清 威海衛 山西 太原 大同 運城 新絳 直隸 保定 大名 唐山 張家口 順德 東三省 營口 鐵嶺 大連 吉林 錦州 長春 安東 黑龍江 福建 福州 廈門 廣東 廣州 瓊州 汕頭 四川 成都 重慶 雲南 貴州 貴陽 陝西 西安 (國外) 香港 新加坡 英國倫敦 美國紐約 舊金山 日本 東京 大阪 神戶 橫濱等處

▲ 汉口浙江兴业银行广告

▲ 浙江兴业银行大楼旧址

第九节　钟延生

钟延生，宁波鄞县人。1925年，钟延生在汉口创办恒记营造厂，亦称钟恒记营造厂，后改称恒记建筑公司，位于扬子街。其在汉口承接的建筑工程主要有汉口胜利饭店、盛新面粉厂、德士古洋行、安利英洋行、大孚银行等。此外，还营建过延昌里、延庆里、东山里、公兴里、宝润里等里弄建筑，并参与承建了江汉村的部分工程。

钟延生是汉口早期里分建筑的重要投资人和营建者。汉口里分的建筑时间大约从1900年开始至1938年武汉沦陷之前基本

▲ 安利英洋行汉口分行

结束。在将近 40 年的时间里，汉口兴建的里分总数约为 580 条。在很长一段时间内，人们都认为汉口里分建筑来源于上海。上海石库门，几乎无人不知、无人不晓，但石库门建筑真正的发源地是宁波。武汉地方志专家、文史专家董玉梅在《汉口里分》一书中，专门用一节内容阐述里分建筑源自宁波。其中写道：

> 里分建筑形式的出现，与太平天国农民起义有关。1861 年 12 月 19 日（清咸丰十一年十一月八日）太平军攻克宁波，至 1862 年 5 月 1 日（同治元年四月十二日）太平军撤出宁波，太平军与清军在宁波展开了长达半年之久的拉锯战。为避战乱，大量居民涌入宁波租界（应为江北岸外人居留地——编者注），导致租界内人口暴增，房价直线上升。这一段时间，洋商、华商都被暴利的房价所吸引，纷纷涉足房地产。于是，宁波外滩出现了用中国传统的“穿斗式”木结构加上砖墙承重方式建造的早期西式联排式住宅。

▲ 延庆里

早期西式联排式住宅的主人们，大都接触过西方的建筑文化，但中国传统文化在其头脑中仍根深蒂固。所以，建造完毕的建筑主体，仍然具有江南传统民居的空间特征，只是布局采用了西式联排式住宅的形式。由此可见，联排式住宅一开始就是中西合璧的产物。

联排式住宅又称为石库门。有人说，石库门之所以称为石库门，皆因其门楣门框，都是用坚固的花岗岩垒砌起来的。所以，石库门既指单纯的用花岗岩垒砌的门，也代指所有类似的建筑。

民国时期，宁波江北岸流传有这样的民谣："皇家库门有来头，石头库门百姓楼。苍苍白发老宁波，哪个不曾楼上走。"这个百姓楼就是石库门建筑。石库门建筑产生于 19 世纪中期的宁波，鼎盛于 20 世纪 20 年代，占据了当时民居建筑的一半以上，成为近代宁波人一种主要的居住建筑形式。现今，宁波老外滩周边保存有大片完整的中西合璧的石库门建筑，成为展现近代宁波通商口岸风貌的窗口。

1936 年，恒记营造厂承接武昌善导女中工程。该工程由定海籍著名设计师卢镛标设计，后转包给叶佐记营造厂，其厂主为镇海人叶国庆，最后又转包给魏清记的监工黄兴泰。此外，恒记营造厂还营建过由宁波商人在汉口创办的鸿彰永绸缎店。

第二编　建筑物语

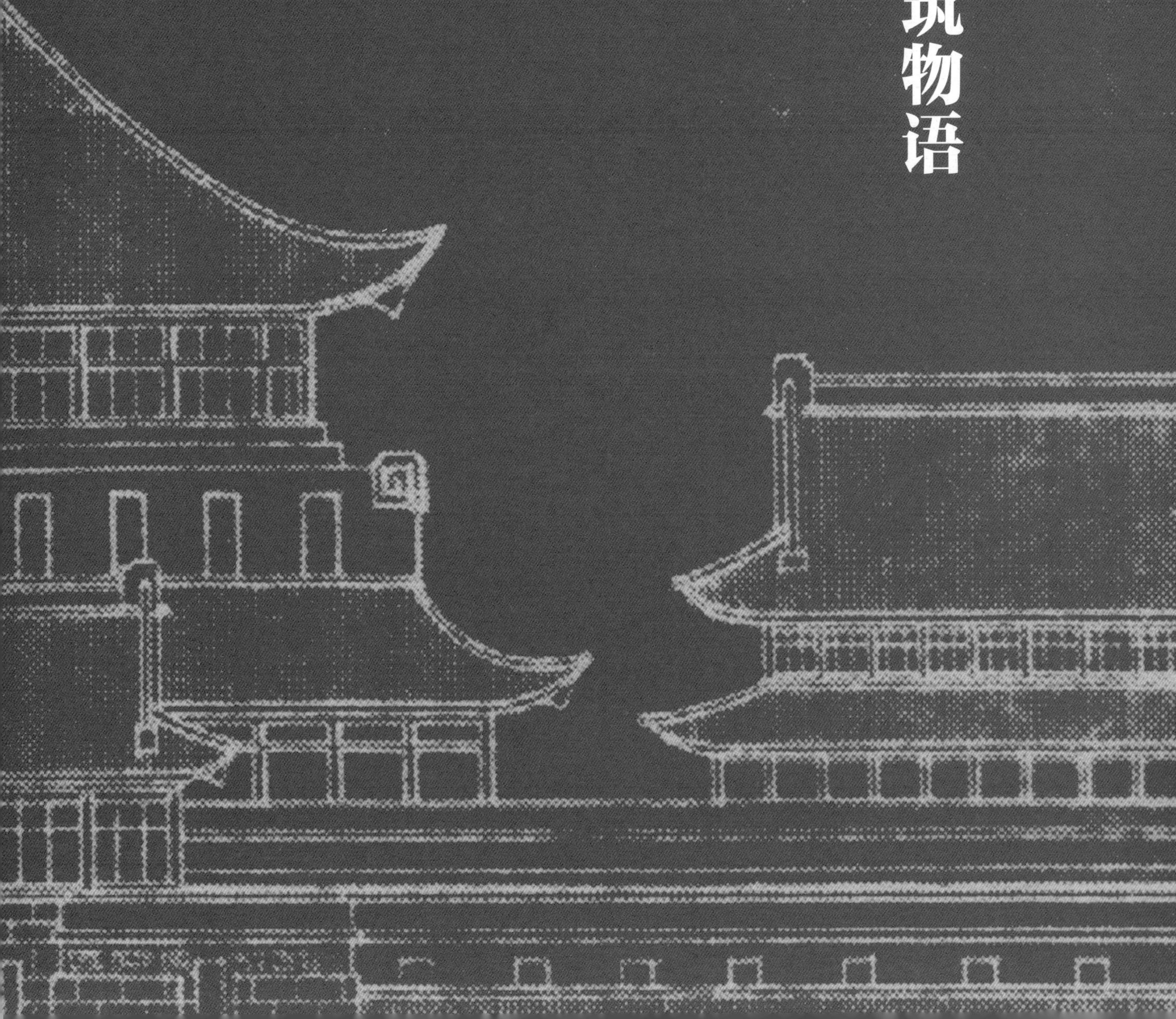

第一节　武汉大学早期建筑群

文学院

承　　建：汉协盛营造厂
设　　计：开尔斯
建成时间：1931 年
文保级别：第五批全国重点文物保护单位（2001）

文学院是武汉大学狮子山建筑群中的第一栋建筑，1930 年 4 月开工，1931 年 9 月落成，总造价 17.68 万元，建筑面积 3928 平方米。文学院占地呈正方形，为四合院回廊式建筑，为了有效利用四合院中的地面空间，在第一层加了一间大教室。整栋建筑清水墙体，琉璃瓦庑殿顶，翘而尖的南方式飞檐，活泼俏丽，与西边法学院平而缓的北方式飞檐（意为法力严肃）遥相呼应。文学院与法学院相矗立，形成一对姊妹楼，蕴含中国传统文化中“左文右武”之意。文学院除了被用作文学院办公楼，还是校长办公的行政楼。直到 20 世纪 50 年代院系调整前，校领导都在此办公。现为武汉大学数学与统计学院。

武汉大学文学院，其前身是1893年张之洞在自强学堂设置的“汉文门”，于1928年国立武汉大学成立时被正式命名为文学院，年仅30岁的著名学者闻一多担任院长。当时的校址还在武昌城内东厂口，闻一多住在武昌黄土上坡31号锦园。闻一多参与了国立武汉大学的筹建、规划以及珞珈山新校址的选定。他提出将新校址的罗家山(又名落驾山)改名为珞珈山。“珞”，是石头坚硬的意思，“珈”，是古代妇女戴的头饰。“落驾”与“珞珈”谐音，寓意当年在落驾山筚路蓝缕、劈山建校的艰难。闻一多还为武汉大学设计和书写了小篆体“武大”二字的校徽。闻一多在从事教学工作的同时，积极参加爱国民主运动，面对帝国主义的在华恶行，他拍案而起，奔走呼号。在文学院任教的知名学者还有沈从文、朱光潜、郁达夫、叶圣陶、王蒙等。2001年，文学院与一批武汉大学早期建筑一起，被公布为第五批全国重点文物保护单位。

男生寄宿舍

承　　建：汉协盛营造厂
设　　计：开尔斯
建成时间：1931 年
文保级别：第五批全国重点文物保护单位（2001）

男生寄宿舍，俗称老斋舍，1930 年 3 月开工，1931 年 9 月完工，总面积 13773 平方米，造价 55.09 万元。老斋舍便是现在的樱园宿舍，是武汉大学最古老的建筑之一，顺狮子山南坡山势而建，具有良好的日照条件。宿舍楼一共有四栋，一字排开，以三扇配有门楼的圆形拱门连接，建筑以花岗岩的灰色为主色，质朴大方、厚重沉稳。中间拱门的城楼与山顶上的图书馆位于一条轴线上，由拱门下方的台阶拾级而上，便能到达图书馆。男生寄宿舍不仅取了“斋舍”这个充满古意的名字，而且宿舍的十六个门洞分别以《千字文》中的“天地玄黄，宇宙洪荒，日月盈昃，辰宿列张”取斋名，可谓中西合璧，颇有韵味。宿舍共 300 多个房间，每个房间尺寸为 3.3 米宽、4.5 米长，使用面积为 13 平方米。老斋舍落成伊始，单身教职工住“天字斋”，女生住“地字斋”，其余为男生宿舍。宿舍每层都配备带有供应冷热水沐浴等功能的厕所，在当时是相当“贵族化”的。从门洞里走出，会有一种从历史里走出的感觉。

建筑平面采用不同层次的依山组合，巧妙地顺应了自然地势的变化，同时借助山势构成气势磅礴的立面效果。入口处平面修建多层阶梯，外形统一，宏伟壮观，为了突出其导向性，又在此基础上，将拱门上部垫起一层，作成顶部单檐歇山式亭楼。沿着 95 级阶梯（原为 108 级，但底层已被提升的路基淹没）从下往上

走，便能发现老斋舍最巧妙的地方：在不同标高处，沿等高线建成一至四层的房屋，各排房屋底层地面在不同高度上，而屋顶则在同一平面上，形成“地不平天平”的格局。这含有深厚的寓意：每个人的出身可能有高低，但在人生的旅途中，通过自己的努力，是可以弥补先天的不足，踏上同一个平台的。以此鼓励大家刻苦读书，实现自己的人生价值。每栋宿舍由两个大天井将宿舍分隔为前、中、后三排，保证了每间房屋通风透气，日照采光。

老斋舍的钢筋混凝土平屋顶与图书馆前区连成一片大广场，现在称为“樱顶”，被认为是整个武大风景最好的地方。宽阔的屋顶平台有效地拓展了图书馆、文学院和法学院的活动空间。樱顶有琉璃翘檐的歇山式亭楼。在樱顶，既有老图书馆古朴典雅之美，又可鸟瞰整个武大校园，欣赏对面珞珈山的郁郁葱葱。如果去武大看樱花，樱花大道旁的男生寄宿舍是绝佳的赏樱景点之一。也正因如此，很多人将老斋舍称作“樱花城堡”。

学生饭厅及礼堂（俱乐部）

承　　建：汉协盛营造厂
设　　计：开尔斯
建成时间：1931 年
文保级别：第五批全国重点文物保护单位（2001）

学生饭厅及礼堂（俱乐部）位于狮子山顶的西南部，武汉大学老图书馆旁，是珞珈山最早竣工的建筑之一。1930 年 8 月开工，1931 年 9 月完工，总面积 2727 平方米，造价 12.27 万元。该建筑下层是学生饭厅，红瓦白墙，镂空花窗，西式罗马柱，室

内墙角有西式浮雕，是武汉大学最老的食堂。1938 年 8 月 2 日，时任中共中央长江局主要负责人、国民政府军事委员会政治部副主任周恩来牵头，召集国共两党和商会等团体负责人在学生食堂成立“第九战区总动员委员会”，负责组织武汉全民有计划地大撤退，为抗战保存了许多有生力量。建筑上层为学生俱乐部。为改善学生俱乐部的光线和活动空间，在传统的歇山顶上又增加了两层亮窗和马头墙屋面，形成了独具特色的三重檐式歇山顶。内外装饰极富民俗风格，房梁上有“宝葫芦插三戟”，祝福学生连升三级。房梁角的木纹上雕刻有蝙蝠，蝙蝠睁大眼睛看着下巴前的铜钱，寓意“蝠（福）在眼前”。

学生俱乐部在当时充当了学校礼堂的角色，许多重大聚会和学术报告会都在此举行。1937 年 10 月，中国共产党的创始人之一董必武在礼堂演讲《独立自主，发展游击战争》。1937 年 12 月

31 日，周恩来在礼堂作了《现阶段青年运动的性质和任务》的演讲,动员青年学生“到军队里去”“到战地服务去”“到乡村去”“到被敌人占领了的地方去”，挥臂号召“青年朋友们，努力去争取抗战的最后胜利”。此次演讲反响极大，不少师生受到鼓舞，投笔从戎。无产阶级革命家林伯渠等亦在此进行过抗日宣传演讲。八路军驻武汉办事处的聂建东、张昔方等曾来校讲游击战的战略战术。蔡元培、李四光、胡适、张伯苓、陈独秀、蒋介石、李宗仁、司徒雷登等学界和政界名人也曾在此演讲或做学术报告。

理学院

承　　建：汉协盛营造厂、袁运泰营造厂
设　　计：开尔斯
建成时间：1931 年
文保级别：第五批全国重点文物保护单位（2001）

理学院位于文学院的东面，大楼正面隔着奥林匹克操场（又名“912 操场”），与工学院（今行政楼）相望，背对东湖，依山就势而建。主楼观测天象的球形穹顶与南面四角重檐的工学院相呼应。整体建筑分两期建造，主楼和前排（南）附楼为第一期工程，由汉协盛营造厂中标承建，于 1930 年 6 月开工，1931 年 11 月建成。后排（北）附楼为第二期工程，由汉口袁运泰营造厂中标承建，于 1935 年 6 月开工，1936 年 6 月竣工。建筑总面积 10120 平方米，总造价 45.54 万元，其中汉口市政府资助 17 万元。

理学院主楼采用八角面墙体和拜占庭式的钢筋混凝土穹窿屋顶（直径 20 米），与南面的工学院方形墙体和玻璃方屋顶相呼应，体现出天圆（北）地方（南）的传统建筑理念。圆顶也是为抗东湖边吹来的强风。两座中式庑殿顶的附楼拥护着拜占庭风格的主楼。主楼内部构造相当精美实用，中部主体为科学会堂。首层有利用地势修建的三个阶梯教室（也是中国最早的阶梯教室），讲课不用音响设备，声音也十分清晰。二层为理、工学院的教室，三层为生物系的标本室和数学系的模型室。两侧附楼为化学楼和物理楼（实验室），楼高四层，单檐歇山式，覆绿琉璃瓦。这两座四角重檐攒尖顶的大楼，既有西方罗马式建筑特点，又融合中国传统元素。主楼与附楼由连廊相通构成整体。如今，理学院主要作为教室使用，它的侧楼则作为办公室使用。

理学院可以被称为是武大早期建筑群中最能体现中西合璧思想的建筑之一。它外观优美，圆顶是最具吸引力的地方，其特殊的色彩和质感能抚平人心中的浮躁，让人安心地读书。其内部结构复杂，十分特别，楼梯栏杆扶手及立柱精细、美观，透着古典美的气息。教室内的圆柱体现了中西合璧的特色，威严的柱子搭配白色纹状柱头装饰，严肃而不失典雅，装饰性的梁托给理学楼添加了一丝活泼，使中式外表的理学楼拥有了少许欧式风采。沿着古老的石梯，一入门右手边的石碑刻着“中华民国十九年汉口市政府资造”。宽敞的走道，斑驳的台阶，一个八角形的大窗子镶在墙上，窗外的爬墙虎或藤蔓紧紧贴在窗子上，给人一种年代感。青砖白墙，红木雕花，迎接在此求索的莘莘学子。

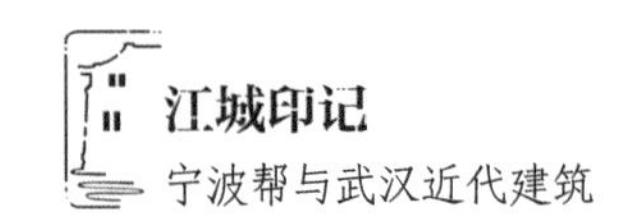

老图书馆

承　　建：六合贸易工程公司
建成时间：1935 年
文保级别：第五批全国重点文物保护单位（2001）

武汉大学早期建筑群以图书馆为整个校园的标志性建筑和规划中心。图书馆背对东湖，南向珞珈山，雄踞在狮子山制高点。前面就是樱顶、老斋舍，左右两侧分别矗立着文、法学院，三座古色古香的建筑坐落在狮子山上，琉璃蓝瓦，飞檐翘角，朴实庄重之中又显得流畅灵动。图书馆于 1933 年 10 月开工，1935 年 9 月竣工。总面积 4767 平方米，造价 34.4 万元。这座雄踞于狮子山顶的皇冠形仿故宫建筑，庑殿顶、八角垂檐、大跨度空间，巍峨典雅，中西合璧。

图书馆由一座主楼和前后两翼的四座附楼联结而成，位置突出醒目，跨度达 18 米，正面五楹、中间三楹为大阅览室，两边有两层楼的副楼，后面的两角各有一书库楼。中央主体在方形四隅切角，呈八边形，主体突出于四角的附楼，有古代藏书阁的含义。整体外观为中国传统殿堂式风格，屋顶覆绿色琉璃瓦，以八角攒尖起势而以歇山顶收尾，完整地体现了中国宫殿式建筑的威武和庄严。内部则采用了西式的回廊、吊脚楼、石拱门、落地玻璃等。台阶高耸、石墙宽厚是典型的欧式风格，而往上墙中镶木、屋顶四角精配奇禽走兽则是中国建筑的范式。在结构技术上，采用钢筋混凝土框架和组合式钢桁架混合结构承重，大大节省了木材，为中国近代建筑史上率先采用新结构、新材料、新技术仿中国古典建筑的成功之作，也是将中西建筑设计理论、技艺、手法相互渗透、融会贯通的佳作。整幢建筑将图书馆建筑的新功能、新结构与中国传统藏书阁形式有机结合，反映了特定的时代背景，蕴含深厚的历史沉淀，是综合运用中西方建筑手法的典范。

建筑虽然采用西式新结构、新材料，但外部装饰极具中国传统特色。顶部塔楼是八角重檐、单檐双歇山式，上立七环宝鼎，屋顶有采暖烟囱，屋顶南面两角有云纹照壁，护栏以左右的勾栏和中央的双龙吻脊，形成“围脊”的效果。两座附楼之屋脊与大阅览室相连，这在建筑学中称为“歇山连脊”，在现存老房子中亦属少见。穿过古色古香的门廊，步入明亮高穹的大厅，更能体会到一种庄重与和谐，宁谧与典雅。塔楼阅览厅的外墙为八边形，并设有环形外走廊，供阅览者休息和游人观光。图书馆内外部装饰极为讲究。据史书记载，春秋时期的老子为“周守藏室之史”，也就是说道家学派的创始人老子是我国已知的最早的“图书馆馆长”或“档案馆馆长”。因此，图书馆大门上方镶有老子的全身金属镂刻像。屋脊、环廊、檐部等处有蟠龙、云纹、斗拱和仙人走兽的精美图案。

武汉大学图书馆的设计师是英国人。图书馆工程开工前，李

祖贤查看了结构设计图，断定支撑柱截面不够，将会导致斜裂缝，随即提出修改设计的要求。而英籍建筑师执意要按自己的设计来施工，结果建筑建造过程中普遍出现开裂情况，不得不按照李祖贤提出的方案进行修改弥补。图书馆工程施工中，由于墙体砌砖方法不对，承重力达不到设计要求，工程业主方监理缪恩钊教授要求施工单位采取补强措施，在大阅览室四角增加四对钢筋混凝土柱子。六合公司为这一补强措施而增加造价 2 万元。

图书馆处在校园制高点，体量大，跨度长，飞檐翘角，龙凤卷云，古朴典雅，朴实庄重，是武汉大学校园内最美观雄伟的传统建筑物。清晰的轮廓、流畅的线条、飞翘的脊檐、恢宏的气势，都使这座建筑成为凝固的音乐。中西合璧的建筑艺术、东西交融的文化氛围也足以令每一位观赏者为之倾倒。图书馆北望东湖碧水，南与原工学院大楼（现行政楼）遥相呼应，登顶鸟瞰，湖光山色尽收眼底。蔡元培、胡适、陈独秀、董必武、周恩来、郭沫若、朱德、罗荣桓等各界要人和外国元首来武汉大学时必登此楼。

由于六合公司施工质量极高，武汉大学老图书馆主体结构至今仍坚固如初，完好无损地屹立于狮子山顶。1985 年武汉大学新图书馆建成后，这里成为图书馆古籍馆（特藏部）和校史馆，迎接八方来客，以感受珞珈文化。

工学院

承　　建：六合贸易工程公司
建成时间：1936 年
文保级别：第五批全国重点文物保护单位（2001）

工学院坐落在两座火石山之间的凹地上，其下方依照山势建有地下室和操场看台，是武大校园内又一例“天平地不平”的建筑佳作。大楼坐南朝北，其“背景”是平缓而苍翠的珞珈山。1934年11月开工，1936年1月完工，上海六合贸易工程公司承建。总占地面积8140平方米，造价40万元，其中中英庚款董事会资助12万元。工学院大楼呈四方形，将欧陆哥特式风格与中国古典建筑特色融为一体，四隅相对，典雅大方。

主楼五层内为回廊方形建筑，大楼的屋顶设计别出心裁，下檐采用孔雀蓝琉璃瓦，顶层则用透光玻璃作屋面，再用四个反扣的橘红色陶缶叠成宝塔状，形成四角重檐攒尖顶的收束。阳光透过玻璃从顶部直射厅内，形成了一个明亮的“玻璃中庭”，使人充分感受到光影效果和空间变化所造成的情趣。攒尖式四角重檐玻璃屋顶，共享空间的玻璃中庭构造，它是世界上较早采用空间共享这一建筑风潮的建筑之一。四角的圆盘形水斗，既解决了大屋顶的排水问题，又成为美化建筑的装饰。外围的四座歇山顶配楼紧围主楼，形成众星拱月之势，使主楼更显雄伟，是武汉大学传统建筑群“轴线对称、主从有序、中央殿堂、四隅崇楼”的代表作。配楼的屋顶仍覆孔雀绿琉璃瓦，与大门前的两座罗马式碉楼相映衬，形成了典型的“中西合璧”式建筑。夹在狮子山、小龟山和火石山之间的是一片向西敞开的低洼地带，工学院大楼隔着这片低洼地带与理学楼南北呼应，屋顶造型一方一圆，相映成趣。

整个建筑群四面群房面向主体对称布局。主楼为教学用房，平面呈正方形，楼内中部有五层共享大厅，四廊相通，亦为学生课间活动的公共空间。四栋楼原为土木工程、机械工程、电机工程和矿冶系以及研究所、实验室等系、所办公用地，均为矩形平面，有内廊，单檐歇山式，覆绿琉璃瓦。

20 世纪 50 年代院系调整后，此处成为武汉大学行政楼。这幢四角重檐攒尖顶的正方体大楼，在珞珈山这面天然的“屏风”上如同一幅镶嵌画，使原本平缓的山体陡增钟灵秀气。行政楼的一侧种满了樱花。春天，这里便成了赏樱的好去处，星星点点的樱花与行政楼交相辉映，甚为美丽。

华中水工试验所

承　　建：六合贸易工程公司
建成时间：1936 年
文保级别：第五批全国重点文物保护单位（2001）

华中水工试验所位于珞珈山北麓，北与工学院大楼相对。1935 年 8 月开工，1936 年 4 月建成，建筑面积 2197 平方米，工程造价 9.89 万元，由湖北省政府与国立武汉大学合建。整个建筑采用琉璃瓦歇山顶，屋内用弧形钢梁作屋架，地面设有环形水道。抗日战争胜利后，水利学家在此开展教学实验和科学研究，为治理大江大河和培养中国水利人才做出了重要的贡献。

宋卿体育馆

承　　建：六合贸易工程公司
建成时间：1936 年
文保级别：第五批全国重点文物保护单位（2001）

宋卿体育馆（武汉大学体育馆）位于狮子山西南坡底部，于1935年10月开工，1936年7月竣工，建筑面积2748平方米，造价12.31万元。该建筑以中华民国初年的大总统、武昌首义都督黎元洪之字宋卿命名，是当时中国规格最高的大学体育馆。

该体育馆采用中国古典宫殿的飞檐结构，屋顶采用三铰拱钢架结构，跨度空间大，采光佳。建筑内有看台，外有观景台，四周绕有回廊，侧墙框架结构，山墙取巴洛克式。正面看台有中式的重檐——三檐滴水，馆内还做了只有宫廷或者高规格庙宇才采用的斗拱。屋顶覆绿色琉璃瓦，钩角的屋檐上还有动物的石刻，利用密檐高差采光通风，为体育活动创造了良好的空间和采光通风等条件。

融传统与现代建筑艺术于一体的体育馆工程在当时算是技术要求很高的施工项目。体育馆平面呈蝴蝶形，四翼为近似正方形

的空间，中央为矩形运动场地，长 35.05 米，宽约 21.34 米。其大跨度结构大量使用钢筋混凝土等新型材料，在施工方面预制装配程度较高，对现场吊装、构件就位的要求亦相应提高。六合贸易工程公司熟练运用国外引进的一整套技术手段，并且与中国传统建筑形式相结合。1936 年的《建筑月刊》上曾专门对此项工程进行详细介绍。

辛亥革命元老黎元洪好学、助学、兴学，曾想在武昌创办江汉大学，并为此筹款银洋 10 万元，但一直未能如愿。1928 年黎元洪去世后，原想葬于珞珈山南麓，但武汉大学校方再三考虑后没有答应。1934 年 4 月，黎元洪之子黎绍基（字重光，曾任中兴煤矿总经理、上海市徐汇区政协副主席）、黎绍业（字仲修，曾任

久大化学工业公司董事、全国政协委员）继承父亲遗志，致信国立武汉大学，诚恳地提出将其先父保管的辛亥革命志士筹建江汉大学的基金 10 万大洋（中兴煤矿股票）捐款，全部移赠武汉大学修建体育馆。因此，宋卿体育馆成了武汉大学体育馆的正式名称。

体育馆既体现现代新型大跨度结构的建筑技术，又保持和展现了中国传统建筑的特色。1938 年 3 月，国民党临时全国代表大会在图书馆召开。它还与昙华林翟雅各健身会所、西山跑马场一起，成为武汉建于抗日战争前保存下来的三处体育设施。体育馆还常举行排球、篮球等体育比赛和大学生书画大赛、樱花笔会、校园招聘宣讲会等活动，热闹非凡。

法学院

承　　建：六合贸易工程公司
建成时间：1936 年
文保级别：第五批全国重点文物保护单位（2001）

法学院位于狮子山顶图书馆的西边（右侧），北面是东湖，南面是珞珈山。1935 年 8 月开工，1936 年 8 月落成，建筑面积 4013 平方米，工程造价 18.06 万元，其中湖南省政府资助 12 万元。法学院为四合院回廊式建筑，占地呈凸形。大楼四面直立的清水墙体上，各加有一根 1 米宽的斜角大立柱，使墙面整体呈现出传统的城墙形状。屋顶外围是琉璃瓦半角殿顶，不施云纹斗拱、仙人走兽装饰，为北方的建筑风格。法学院与位于图书馆左侧的文学院相对为姊妹楼，是中国传统文化中“左文右武”的体现，实指文武相谐、文华武英。文学院屋顶采用翘角，寓意文采飞扬。法学院四角飞檐平而缓，显得端庄稳重。

武汉大学法学学科最早可追溯到 1908 年创办的湖北法政学堂，其于 1911 年辛亥革命后改为湖北公立法政专门学校。1926 年武昌中山大学成立，1928 年改组成立国立武汉大学，法学院都是其中重要的院系，先后云集燕树棠、王世杰、皮宗石、周鲠生、梅汝璈等一大批著名法学家，办学声誉影响海内外。法学院大楼曾是武汉大学法学、经济、政治三系的办公地，承载着民国“法学院之王”的美名。现在，这里是武汉大学质量发展战略研究院。

武汉大学牌坊

设　　计：缪恩钊、沈中清
建成时间：1931 年
文保级别：第五批全国重点文物保护单位（2001）

1930 年 2 月，湖北省建设厅自街道口至校区建筑一条专用道，命名为大学路。这条由街道口通往狮子山的公路主要是为了便于运送建筑材料。当时公路沿线一片荒凉，人们很难想象路的尽头有一座中国最美大学。王世杰校长为了标示武汉大学所在的位置，决定在公路起点处修建一座起指示作用的牌楼，象征学校的大门，这就是武汉大学牌坊。

武汉大学最早的民国牌楼是木制的，建于1931年，由缪恩钊、沈中清设计，仿北方牌楼式样，四柱三间歇山式结构，琉璃瓦顶，略施斗拱，油漆彩绘，古朴大方，甚是别致。但木制的牌楼不够牢固，次年即毁于一场大风。1933年，学校在原址重建了钢筋混凝土牌坊，仍由缪恩钊、沈中清设计。新牌坊设计简洁明快：4根八棱柱，表示喜迎来自四面八方的莘莘学子。柱头云纹直冲云霄，颇有皇家风度，所覆琉璃瓦顶，颜色为孔雀蓝，也仅次于皇家的金黄色。背面由武汉大学中文系首任系主任刘赜用小篆手书“文、法、理、工、农、医”六字，正面居中书写了端庄周正的“国立武汉大学”六个颜体大字。沈中清在接受《武汉春秋》杂志（1982年创刊）记者采访时，专门谈及此事，说校牌坊上的六个字是从颜真卿字帖上摘录下来的。

1993年，为迎接武汉大学100周年校庆，海内外校友集资，按照老牌坊的样子“复制”了一座新牌坊，这就是后来大家经过八一路时看到的武汉大学校门。2013年，学校举行120周年校庆时，校门牌坊向校园推进了许多，但牌坊上的六个字仍是传承自民国校牌。2001年，武汉大学牌坊与一批武大早期建筑一起，被公布为第五批全国重点文物保护单位。

珞珈山一区十八栋

承　　建：汉协盛营造厂
设　　计：开尔斯
建成时间：1931 年
文物级别：第五批全国重点文物保护单位（2001）

武汉大学总体规划确定之后，又进行了细化规划设计，将珞珈山东南边定为教师第一住宅区，并规划建造 40 栋单栋和联体的别墅，作为引进教授的住宅区。然而受经费限制，最终决定修建 18 栋，因此便有了“一区十八栋”之名，并沿用至今。一区十八栋是武汉大学早期建筑群的标志建筑之一，于 1930 年 11 月开工，1931 年 9 月完工，位于珞珈山东南面湖拔（以东湖的水平面为基准）110 多米的山腰，背山面湖。整体建筑采用英式乡间别墅风格，但每栋建筑都有其特点，后增盖 4 栋。日军侵占武汉后，将部分别墅的内部构造改成日式，并拆除了 1 栋。虽然后来住宅区变更为 21 栋，但人们沿用习惯叫法，称之为“十八栋”。

抗战时期，周恩来、郭沫若分别居住于一区 19 栋 27 号、12 栋 20 号。此外，曾有不少著名教授和学校领导在十八栋居住，如曾任国立武汉大学校长的法学家王世杰，教育家王星拱、皮宗石，国际法学家周鲠生，数学家刘正经、昊维清、汤璪真，物理学家查谦、桂质廷、许宗岳，化学家陶延桥、陈鼎铭、黄叔寅、查全性，微生物学家陈华癸，植物生理学家汤佩松，植物学家钟心煊，病毒学家高尚荫，林学家叶雅各，机械工程专家郭霖，土木工程学家缪恩钊，桥梁专家余炽昌，矿冶学家邵逸周，哲学家范寿康、高翰，古文字学家刘博平，文学评论家陈源及其夫人、作家凌叔华，历史学家吴于廑、方壮猷，经济学家杨端六及其夫人、作家袁昌英，经济学家陶因、朱祖晦，法学家刘秉麟、葛扬焕、蒋思道，翻译家方重、李儒勉，古典文学研究专家徐天闵、刘永济、席鲁思等。此外，还有“珞珈三女杰”之一的作家苏雪林在此居住过。十八栋因地处珞珈山南麓，避免了冬季呼啸南下的北风，而太阳由东南升起，由西南降落，刚好一整天跟这排别墅打了个照面。所以，一年中的很长时间，这里都是一派静谧祥和。

周恩来故居为一区 19 栋 27 号，位于珞珈山南坡，是一栋坐北朝南的西式三层楼房，红瓦青砖，地基开阔，庭前屋后被参天大树环绕，通往山下的是几条石阶小径。别墅由两个哥特式风格的拱形门栋分开，楼栋之间有一座精致花园，种着一棵大芭蕉树。1938 年，武汉成为全国抗战的中心，武汉大学校区住进了诸多国共军政要员。时任中共代表团负责人周恩来与夫人邓颖超在当年

▲ 周恩来旧居

▲ 周恩来旧居

4月至8月居住于这栋英式田园风格的别墅小楼，经常与爱国民主人士、抗日将领谈心，共商抗日大计，并在此热情接待过埃德加·斯诺、安娜·路易斯·斯特朗、史沫特莱等国际友人，这栋楼房也因此成为接待中外友人的场所，各界来访人士不断。其间，周恩来总是鼓励他们努力开展抗日救亡工作。一位姓王的老先生在同周恩来亲切交谈后，深受鼓舞，将在海外募集到的资金全部用于购买药品物资，并将其运到抗日前线。一位姓胡的医生，和周恩来谈话后，毅然携妻子带着周恩来写的介绍信奔赴延安……在武汉大学期间，周恩来还同郭沫若一起组织并直接领导了“抗日活动宣传周”“七七抗战一周年纪念”“七七献金”等抗日宣传活动。因周恩来在十八栋积极推动国共合作、全民抗日，这栋小楼又有“国共合作抗日小客厅”之誉，成为国共合作、全民抗战的重要见证。周恩来还曾在学校大操场连讲两个晚上，内容是毛泽东的《抗日游击战争的战略问题》，号召青年知识分子行动起来，

▲ 郭沫若旧居

投身抗日救亡斗争。1983 年，这栋建筑被武汉市政府列入文物保护单位，并作为武大早期建筑群的一部分，于 2001 年被国务院公布为第五批全国重点文物保护单位。

与周恩来故居同时公布为第五批全国重点文物保护单位的还有郭沫若故居。1938 年 4 月至 8 月，著名学者、诗人郭沫若和夫人于立群在一区 12 栋 20 号居住。该幢楼房于 1930 年 11 月开工，1931 年 9 月竣工。建筑面积 236 平方米，工程造价 1.5 万元，是一栋两单元三层砖木结构的别墅。背山面湖，下层有用人室和厨房，上两层都有客厅、书房、卧室、浴室，还有可以眺望湖光山色的阳台。郭沫若时任国民政府军事委员会政治部三厅厅长，在此开展过抗日文化宣传工作。旧居旁边有一条石阶小路，至今保存完整，武大把它叫作周恩来小路。这条路在郭沫若的回忆中也有记述："周公和邓大姐也住到靠近山顶的一栋，在我们的直上一层，上去的路正打从我们的书房窗下经过。"郭沫若的另一位邻居是时任国民政府军事委员会政治部副部长黄琪翔，他这样记述两家的位置："不久黄琪翔搬来了，做了我们的邻居。那是一栋比翼建筑，站在月台上两家便可以打话。"尽管郭沫若在武汉大学只住了四个月，而且是在烽火连天的战争环境中，但武大的优美景色、他在这里的工作状态，以及周围的邻居，给郭沫若留下了一生中最为深刻的回忆："有这样的湖景，有这样的好邻居，我生平寄迹过的地方不少，总要以这儿为最接近理想了。"因此，他称赞武汉大学为武汉三镇的"世外桃源"。1961 年，郭沫若故地重游，并在其旧居前留影。

珞珈山水塔

承　　建：汉协盛营造厂
设　　计：萨克斯
建成时间：1931 年

珞珈山水塔也叫八角亭，塔高 16.5 米，钢筋混凝土结构两层八面建筑。下层是水池，可储存 400 吨生活用水，上层是阁楼，可以观光，上下层有旋梯相通，屋面是两层八角飞檐，铺孔雀蓝琉璃瓦，建筑风格与中心校区早期建筑一致。水塔造价 3 万元，由美国建筑设计师萨克斯设计，汉协盛营造厂承建，1931 年 4 月开工，9 月建成，10 月投入使用。1932 年下半年，新校舍二期工程开工后，由缪恩钊工程师和沈中清技术员合作设计，胡道生合记营造厂承建，完成了水塔供水增容工程。

20 世纪 30 年代前期，武昌城区仍没有自来水厂，城中居民只能饮用江水或井水。1930 年底，武汉大学新校舍正在如火如荼地兴建中，校方也开始了珞珈山自来水工程的计划，武汉大学成为当时第一家用上自来水的单位。1932 年 3 月 3 日，学校由武昌东厂口搬到珞珈山新校舍，珞珈山水塔便是新校舍得以投入使用的一个支撑条件。

供水增容工程包括三个小项目：在湖边建升降式活动泵房，汛期水位升高时，可以提升泵房高度。在北半山腰建一组容积为 1500 吨的混凝土沉淀池和泵房。在珞珈山水塔西约 30 米处建滤水机房和 15 米高的清洗塔。生产流程是先将湖水泵至沉淀池，沉淀消毒后泵至山顶滤水机房过滤，再泵入水塔向全校供水。清洗

塔底铺直径 4 英寸铸铁管，接入砂滤池，依靠塔内水压冲洗砂滤池，每周冲洗一次，保证供水质量。

珞珈山水塔自投入使用起，仅外表进行过几次小修，水池壁有多处裂缝，梁柱、主体结构碳化深度超过保护层厚度。2004 年，武汉大学拨 30 万元专款实施水塔加固维修工程，修旧如旧，保持历史原貌。这是珞珈山水塔自建成投入使用以来第一次主体大修，令历史悠久的水塔又焕发了青春，继续为莘莘学子服务。

珞珈石屋

设　　计：缪恩钊、沈中清
建成时间：1929年

1929年7月，沈中清等人披荆斩棘，栉风沐雨，测量珞珈山地形，为校舍的设计、施工打下坚实基础。同时，他们就地取材，充分利用在山上“就地捡集的乱石”，开始修筑建委会工程处办公室，除门窗、屋檩用木材外，其他部分全用石块垒砌而成，成为珞珈山上的第一栋房子。

这是一座三开间的平房，旁边设有厨房、厕所、杂屋，建筑面积192平方米，造价0.58万元，由缪恩钊、沈中清设计。前廊阳台用乱石砌筑四根柱子，盖青布瓦屋面，外观造型古色古香，地板门窗装修均用杉木料，做古铜色油漆。校长王世杰将这座小房子命名为“珞珈石屋”。以石筑就的珞珈石屋，成为沈中清在内的建设者们坚忍精神的写照。整个建筑呈现出珞珈山当地石材所特有的黄褐色，外立面亦朴实无华，别具自然纯朴的郊野气息。屋旁配以庭院花木，亦扶疏有致。珞珈石屋于1929年10月竣工，11月建委会工程处进驻办公。在其修建之前，珞珈山上的建筑仅有位于西南山坡的彤云阁与位于北山坡的刘氏庄园。珞珈石屋虽然只是一层平房，但因其所处地势较高，所以站在屋前，可远眺对面狮子山上第一期工程，依山修建的男生寄宿舍、文学院、理学院、食堂、礼堂等，一览无遗。

1931年底，国立武汉大学珞珈山新校舍一期工程全面竣工。1932年春，全校师生从武昌东厂口旧校舍迁入珞珈山新校舍。由于当时学生人数不多，狮子山上的学生宿舍还有不少富余房间，学校便暂时将部分房间用作行政办公用房及单身教职员宿舍。工程处从珞珈石屋搬到学生宿舍办公后，空出来的石屋由学校安排给史学系李剑农与经济学系任凯南两位教授居住，他俩当时均只身从湖南老家来到武汉大学任教。史学家李剑农和经济学家任凯南分住东边和西边，前房作书房，后房作卧室。两位教授除了授课，几乎整天都在石屋博览群书，精心备课，悉心著述。于是，他们的湖南老乡与留英同学、外文系教授袁昌英便将珞珈石屋戏称为“任李二公祠”。台湾著名经济学家、政论家夏道平教授 1935 年毕业于国立武汉大学经济学系，曾与这些美轮美奂的建筑朝夕相处，他在《石屋二老：纪念任凯南、李剑农两教授》一文中回忆道：“这座石屋，在战前也只住过这单身的二老……石屋建在珞珈山腰。矮矮的四面围墙，全是就山取材的花岗石砌成的。面积，用我们在台湾听惯了的用语来讲，大约有 40 个建坪。周围，除高高低低的花树和灌木以外，是一片松林。”

20 世纪 70 年代初，珞珈石屋被拆除，原址上建起了一座三层的招待所。现今只留下石屋门前一段下山的老石阶，还在无声地诉说着这座早已不复存在的老房子的沧桑往事。

听松庐

承　　建：合记营造厂
设　　计：缪恩钊、沈中清
建成时间：1930 年

国立武汉大学选址珞珈山之后，在这一带买下 300 多亩土地的广东商人刘燕石对新校舍建设非常支持。刘燕石曾与余岳楼合股开设公兴隆饼家，这家创始于 1880 年的百年老店，以味道独特、松脆酥香的结婚礼饼和芝麻饼而久负盛名。刘燕石在珞珈山北坡的那座庄园中，原有一片占地面积约 15 亩的松树林。武汉大学买下这块土地后，便在这片松林中盖了一栋两层的小洋楼，因其隐藏在松涛的怀抱之中，清风拂来时树叶沙沙作响，宛若涛声阵阵，故得“听松庐”之雅名。

听松庐由缪恩钊、沈中清设计，胡道生合记营造厂承建，1930 年 4 月开工，9 月竣工，建筑面积 360 平方米，造价 1.44 万元。听松庐曾作为建筑设备委员会办公室，李四光教授在武汉大学工作期间，一家三口便居住于此。后来，听松庐成为学校的招待所，在 20 世纪 30 年代接待过许多来自全国乃至世界各地的贵客。如 1932 年 11 月，王世杰校长邀请北京大学的胡适（文学家、哲学家）、杨振声（教育家、作家）、唐擘黄（心理学家）来武汉大学演讲，三位教授均在此下榻。胡适曾与武汉大学部分教职员工在听松庐前合影，他在 12 月 1 日的日记中写道：“独宿招待所；此屋孤立山上，颇感寂寞。就点烛写明日讲稿，到一点始睡。”1937 年春，时任军政部政务次长兼武汉行营副主任陈诚将军常来武汉大学，校方均在听松庐接待。

卢沟桥事变后，武汉大学于 1938 年春西迁四川乐山，腾出来的珞珈山校舍便被国民政府借用开展各种抗战活动。校园内开办了珞珈山军官训练团，召开过国民党临时全国代表大会，成为当时抗战的一个重要指挥中枢。因听松庐周边除了一片松林，并无其他建筑，这样一种相对独立的环境非常便于隔离与保卫。故在 1938 年 5 月和 10 月，其数度成为蒋介石、宋美龄夫妇在珞珈山的居所。蒋介石在当年 10 月上旬的日记里多次提到听松庐："十月一日上午，往珞珈山听松庐憩息，下午，登山眺望，傍晚，散步东湖湖滨，晚宿听松庐……二日午，游养云山。野餐毕，回听松庐……八日晚，往珞珈山听松庐宿，静坐观月。"

10 月 12 日，因武汉形势危急，国民政府军事委员会参事室主任王世杰在离汉赴渝的前一天，专门从汉口渡江前往武汉大学珞珈山校园。听松庐陪伴国立武汉大学首任校长王世杰度过了其一生中在武汉大学的最后一夜。武汉沦陷期间，听松庐被侵华日军拆毁。当年显赫一时的听松庐，只有旧址附近几棵存活至今的古老松树见证了历史的风云流变。

半山庐

承　　建：合记营造厂
设　　计：缪恩钊、沈中清
建成时间：1933 年
文保级别：第五批全国重点文物保护单位（2001）

珞珈石屋东面的听松庐落成数年后，其西侧又建起了另外一座欧式风格的小洋楼——半山庐。该建筑由缪恩钊、沈中清设计，胡道生合记营造厂承建，1932 年开工，1933 年竣工，建筑面积

507 平方米，造价 2.03 万元。该建筑为学校单身教员宿舍，因其地处珞珈山北麓的半山腰而得名。

半山庐为两层砖木结构住宅建筑，小巧玲珑，环境幽雅。主体部分平面呈“山”字形，高约 7 米，由两个阳台将三栋两层的楼房连缀而成，屋顶四角均采用平角飞檐，中间一栋伸出装饰性屋檐为入口，八个屋檐毫无装饰讲究。整栋楼用色简拙，皆青砖墨瓦，外观朴素简洁，四周花木点缀，与珞珈山的苍秀山势混为一体。因为是单身教员宿舍，其内部的布局设计为一个个单独的房间，每间宿舍内都有壁炉，并配有会客室、储藏室、厨房、卫生间等公共设施。就住宿条件而言，半山庐因为没有独立的厨卫与储物空间，与珞珈山一区十八栋相比要简陋些。但依山而建的半山庐，庭前异常开阔平坦，风景绝佳。

1935 年下半年，国立武汉大学政治系缪培基教授在这里居住过一个学期，他回忆半山庐等珞珈山校园风景道：“这是一幢两层

洋楼，专供单身教授住居的宿舍，踞山腰，深隐松林中，蝉唱虫吟，荧光点点，饶有诗意。我与陈恭禄教授住楼上，郭斌佳教授住楼下，另有其他二位教授。每日三餐同席用膳。汉口市长吴国桢常来访斌佳谈天，得与相识。半山庐面对图书馆、文学院、法学院、理学院和学生宿舍。工学院正在施工。兼采宫殿式与西洋式之长的建筑，典雅堂皇。蓝色琉璃瓦掩盖浅黄色的高墙，在晴空一碧下显得和谐悦目。东湖在侧，微波荡漾，水色山光益增艳丽。每当黑夜岑寂，湖面一平如镜，反映高悬的明月，闪烁的繁星，漫步沙滩，有如置身仙境，忘却世事的烦嚣。”

抗战胜利后，国立武汉大学从四川乐山复员武昌珞珈山。后来被誉为武大“哈佛三剑客”的韩德培、吴于廑、张培刚教授，以及谭崇台、刘绪贻、余长河、周新民、万卓恒、庆善骙等多位教授，均在半山庐居住过。中华人民共和国成立后，半山庐由学校招待所、校医院住院部、学校人事部、武汉大学校友总会使用。2001 年，被国务院列为全国重点文物保护单位。2014 年，学校对其进行了修缮。

第二节　银行建筑

台湾银行汉口分行旧址

承　　建：汉协盛营造厂
设　　计：庄俊
建成时间：1915 年
位　　置：江汉路 21 号
文保级别：武汉市优秀历史建筑（1993）
　　　　　武汉市文物保护单位（2011）

台湾银行汉口分行旧址建筑面积 3000 平方米，为五层（地下一层）钢筋混凝土结构，立面采用法国古典主义风格三段构图，中段中部两柱之间为爱奥尼克双巨柱式空廊，底层门窗用斫石砌成拱券形式。外墙麻石（花岗岩）到顶，正面五开间，中部三开间，檐口还有类似中国檐头的西部装饰，整个立面显得气势宏伟。

台湾银行是甲午战争中国失利割让台湾后，日本于 1898 年创办的，总行设于台湾，1915 年在汉口设立分行。台湾银行汉口分行旧址现为中国人民银行武汉市分行营业部。

中
国
银

中国银行汉口分行旧址

承　　建：汉合顺营造厂
设　　计：英商通和洋行
建成时间：1917 年
位　　置：中山大道 1021 号
文保级别：武汉市文物保护单位（1998）
　　　　　湖北省文物保护单位（2014）

中国银行汉口分行（前身为大清银行）旧址大楼于 1915 年开建，1917 年竣工，西方古典主义风格建筑。大楼高 38.8 米，平面呈四方形，建筑面积 3884 平方米，五层钢筋混凝土结构，是武汉地区最早使用此种结构的建筑之一。大楼地上四层，地下一层，在立面构图上采用三段式手法，底层是厚重的花岗岩基座，中部为虚实相映的拱券、柱廊，顶部是水平厚檐。大楼正立面是古典廊柱式外观，门前十级麻石台阶直上底层空廊，外墙面麻石到顶。地下室为仓库用房，底层为营业大厅及业务用房。室内木地面、木墙、柱裙。整栋建筑内部装修古朴典雅，临街立面严谨对称，宏大庄重。

该建筑现在仍是中国银行汉口分行大楼，对研究武汉市近现代金融业及中国银行发展史具有重要的参考价值。

中國銀行

汉口汇丰银行大楼

承　　建：汉协盛营造厂
设　　计：景明洋行
建成时间：1920 年
位　　置：沿江大道 143 号—144 号，青岛路 2 号
文保级别：第六批全国重点文物保护单位（2006）

汉口汇丰银行大楼占地面积 4322 平方米，总建筑面积 11656 平方米，楼高三层，26.8 米。大楼沿江的正立面为三段式构图，造型严谨对称，麻石外墙一直到顶，正面柱廊的十根大柱采用爱奥尼克柱式，内廊镶大理石，门窗装修为柳桉木。大楼内

建四座银库，三部电梯。这座汉口最典型的西方古典式建筑庄重雄伟，其花岗石外墙基与爱奥尼克柱列及线条丰富的屋檐形成鲜明的对比，内部装修极为精致华贵，多采用具有西班牙古典风格的柳桉木和柚木，石刻雕花，并建有屋顶花园。

该楼为上海汇丰银行在武汉设立的汉口分行及江汉关税金库，于 1998 年 9 月置换给中国光大银行武汉分行，因年久失修，损坏严重，特委托上海建筑装饰（集团）有限公司于 1998 年 11 月至 2000 年 4 月进行整体设计、改造、装修，并聘请湖北百年建

设监理有限责任公司实行工程监理，重现历史名楼的风貌。该建筑现为中国光大银行汉口分行办公楼。

浙江兴业银行汉口分行大楼

承　　建：康生记营造厂
设　　计：景明洋行
建成时间：1920 年
位　　置：中山大道 561 号

浙江兴业银行汉口分行大楼属于巴洛克风格，拐角的入口处，建有突出的门斗。门斗的三层与两侧共建有三座塔楼，上有样式别致的拱形窗和装饰栏杆。外柱上圆下方。屋面为十分抢眼的红色坡顶，气屋的窗户有拱顶。

这幢大楼原本用于浙江兴业银行投资出租，出租的对象就是宁波帮创办的老字号——老凤祥银楼和亨达利钟表店。中华人民共和国成立后，该建筑一直是武汉金银制品店，现在也是珠宝城。位于大楼侧面的亨达利钟表店一直在此营业。

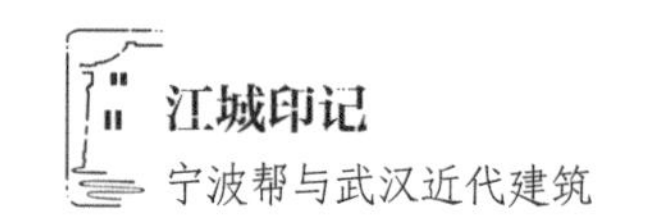

汉口横滨正金银行大楼

承　　建：汉协盛营造厂
设　　计：景明洋行
建成时间：1921 年
位　　置：沿江大道 129 号，南京路 2 号
文保级别：武汉市文物保护单位（1998）
　　　　　第六批全国重点文物保护单位（2006）

汉口横滨正金银行大楼是一幢古典主义建筑，楼高 24 米，四层，钢混结构。底层为麻石台阶，中部是柱廊，上部为厚檐，外墙麻石到顶。临街两翼有巨型双柱，气势雄伟，十五级踏步至二层。二层中部营业大厅长 26 米、宽 13 米，厅内无立柱，采光深井高至三层顶，门厅地面至三层楼梯面均铺白色大理石，营业大厅铺水磨石地面，办公用房地面均为木地板。建筑完好，装修雅致。现为中信银行办公楼。

汉口花旗银行大楼

承　　建：魏清记营造厂
设　　计：利·墨菲
建成时间：1921 年
位　　置：沿江大道 142 号
文保级别：湖北省文物保护单位（1992）

汉口花旗银行大楼由景明洋行监理，地面五层，钢筋混凝土结构，建筑面积 6153 平方米。建筑风格属于简化的古典主义样式，仿古希腊建筑风格，外观以花岗岩构造。临街的东、北两立面设六根贯通三层的巨型立柱，形成柱廊。建筑雄浑壮观，犹如一座有六根粗大石柱的希腊神庙，耸立在长江之滨。

该大楼在 2001 年建设武汉外滩时，进行了整修。

THE NATIONAL CITY BANK OF NEW YORK
国工商银行

花旗銀行
ICBC

汉口交通银行旧址

承　　建：汉合顺营造厂
设　　计：景明洋行
建成时间：1921 年
位　　置：胜利街 2 号
文保级别：湖北省文物保护单位（2008）

汉口交通银行大楼为四层加一个半地下层，钢筋混凝土结构，楼高 21 米，占地面积 1500 平方米，建筑面积 3500 平方米。其中一层的中部为营业大厅，层高 5.6 米，设有电梯一部。楼内走道、楼梯为水磨石地面，办公、住室地面铺木地板。大楼为古典柱廊式建筑，楼前十级条石踏步而上。外墙花岗石到顶，四根花岗石古希腊式爱奥尼克立柱直达三层楼顶，高 14 米，直径 1.3 米。整座建筑外观严谨对称，气势雄伟，是一栋武汉 20 世纪 20 年代典型的银行大楼。

汉口盐业银行大楼

承　　建：汉合顺营造厂
设　　计：景明洋行
建成时间：1926 年
位　　置：中山大道 988 号
文保级别：湖北省文物保护单位（2008）

汉口盐业银行大楼为五层钢筋混凝土结构，建筑面积 6699.43 平方米。西方古典主义建筑风格，大楼外墙麻石到顶。二、三层建有六根廊柱，两侧单柱，中间双柱。四层上檐较宽，装饰简洁，庄重宏伟。

盐业银行由袁世凯长兄袁世昌的内弟张镇芳于 1915 年创办，因主要收存盐务存款而得名。1917 年，张镇芳因参加张勋复辟被捕，总经理改由天津造币厂厂长吴鼎昌担任。盐业银行与金城银行、中南银行、大陆银行并称“北四行”，为民国时期享誉全国的中资银行，金融辐射能力遍及长江以北。

盐业银行大楼在外部结构完工时因亏本打官司，工程停顿。后由担保人“汉协盛”继续完工，这既体现出沈祝三的大气，也表现了宁波帮团结互助的精神。日军占领武汉后，日军“华中派遣军”司令部指挥所曾设于此。1945 年汉口盐业银行复业，1952 年 12 月因参加社会主义公私合营而结业。该建筑现为中国工商银行武汉江岸支行营业部。

汉口金城银行大楼

承　　建：汉协盛营造厂
设　　计：庄俊
建成时间：1931 年
位　　置：保华街 2 号
文保级别：武汉市优秀历史建筑（1993）

汉口金城银行大楼的建筑面积为 2198 平方米，主楼四层混合结构，正面七间八柱，立面采用欧洲变形爱奥尼克柱式前廊，古典式廊柱高达三层，额枋以上有阁楼层开半圆形拱窗，上面有厚重檐口和山花女儿墙，外墙为假麻石。进大门须登上二十一级台阶才能踏上首层地面，充分展现了学院派古典主义风格。造价（包括两侧平房 12 栋，还有后面的三层楼房为宿舍，又称“金城里”）共计 28 万银圆。

该建筑在中华人民共和国成立后，长期被作为武汉市少儿图书馆使用。2006 年，金城大楼与其他金城里建筑一起，经过改建和扩建，成为现在的武汉美术馆。

汉口大陆银行旧址

承　　建：李丽记营造厂
设　　计：庄俊
建成时间：1934 年
位　　置：中山大道扬子街口
文保级别：武汉市优秀历史建筑

汉口大陆银行大楼为钢筋混凝土结构，共三层（转角四层），楼顶有比例适宜的钟楼。朝扬子街口的转角处为原银行营业处，另两面为三层，一层为商店，二、三层有阳台的为住宅。

大陆银行成立于 1919 年，总行设在天津，后于 1942 年迁至上海。大陆银行在天津、汉口、杭州等地设 40 余处分支机构。1922 年，大陆银行同盐业银行、金城银行和中南银行组成“四行联合营业事务行”，后又组成“四行准备库”和“四行储蓄会”，成为“北四行”成员之一。1949 年后，大陆银行先后通过北五行（即北四行及由北四行联营机构改组的联合银行）的“联管”和金融业全行业的公私合营，于 1952 年关闭。如今汉口大陆银行旧址保存完好，是武汉历史的见证。

四明银行汉口分行大楼

承　　建：汉协盛营造厂
设　　计：卢镛标建筑事务所
建成时间：1936 年
位　　置：江汉路 45 号
文保级别：武汉市优秀历史建筑（1993）
　　　　　武汉市文物保护单位（2011）

四明银行汉口分行大楼是当时汉口最高的银行建筑，其规模超过上海四明银行总行大楼。大楼占地面积 1183 平方米，七层钢骨水泥结构，是典型的早期现代主义作品。平面呈梯形，地上五层（局部七层），地下一层。立面构图强调竖向，简化的壁柱直通顶部。一层采用麻石贴面，以上楼层采用水刷石材质。楼顶两侧为阶梯式塔楼。大楼内设电梯等设备，在当时较为新颖。

四明是宁波的别称，1908 年成立的四明银行是旧中国主要的商业银行之一，主要是为当地的宁波商帮提供金融服务，曾从清政府处取得银行券发行权。四明银行汉口分行成立于 1919 年，该大楼是中国建筑师在汉设计的第一座钢筋混凝土建筑，也是武汉在租界以外修建最早的西式建筑之一。

大孚银行大楼

承　　建：恒记营造厂
设　　计：景明洋行
建成时间：1936 年
位　　置：中山大道南京路口
文保级别：武汉市优秀历史建筑（1993）

大孚银行大楼属早期现代派建筑，四层钢筋混凝土结构，占地面积 506 平方米，建筑面积 1668 平方米。大楼平面呈“L”形，转角处设主入口，立面为纵向三段式构图，对称布局，麻石砌筑

的底层坚固而稳重。每层楼外墙之间都用两块长方形几何图案代替了复杂的古典装饰，使建筑更显洒脱大方。为了突出入口，转角处的局部被设计成五层，向南京路和中山大道伸展的两翼副楼楼高四层,地下一层。顶部也以简练的几何图形代替了古典的塔楼。室内铺有地板，每层楼均采用钢窗，整座建筑充满了典型的艺术装饰情调。

大孚银行建成后曾引起很大轰动，缘在它强调内部功能，简化外部装饰，率先接受了欧洲新建筑运动的思想，采用西方先进的结构技术，当时被称为“摩登大楼”，从而成为早期汉口现代建筑的代表之一。1934 年春，大孚银行由汉口商会会长黄文植等集资筹办，并于 1935 年开始营业。该银行为股份有限公司，经营商业储蓄银行一切业务。1938 年武汉沦陷，总行迁往重庆，日军于此设汉口宪兵队。因惧怕遭受美国飞机的轰炸，同时为了避免被日军飞机误炸，建筑外围被涂上绿、黄、白三种伪装色，“穿”上迷彩服。1947 年银行在汉复业，1950 年 8 月停业。中华人民共和国成立后，大楼长期为武汉图书馆期刊外借处，又一度为永和餐厅使用，现为物外书店中山大道分店。

汉口永利商业银行大厦

承　　建：六合贸易工程公司
建成时间：1949 年
位　　置：江汉路 20 号
文保级别：武汉市优秀历史建筑

永利商业银行大厦系钢筋混凝土结构，地上六层，局部七层，地下一层，属现代派风格，是抗日战争胜利后武汉市唯一新建的一栋大楼。永利银行大厦造价在 1946 年元月初计划约需法币 30 亿元，但由于法币急剧贬值，到 1949 年建成时，实用法币及金圆券分别达 600 亿元和 1.1 亿元。

永利商业银行由裕大华纺织服装集团创办。1940 年，裕大华在原有钱庄基础上成立永利银行。1943 年 1 月，银行在重庆正式开业，设总行及总管理处。抗日战争胜利后，裕大华公司总部迁回汉口，即由“裕大华”系统各企业投资，武昌裕华纱厂拨出在汉口江汉路的地皮，开始兴建永利银行大厦，作为永利银行总行、汉口分行及裕大华各部门办公处所。永利银行大厦的建成实现了“裕大华”系统多年的愿望，后改称兴华大厦。1950 年 2 月，永利银行决定停业。现为中国民生银行汉口分行。汉口从 1861 年开启近代建筑转型，永利银行大楼的建成标志着近代建筑转型的结束。永利银行大楼作为中华人民共和国成立前武汉地区最后建成的规模较大的建筑，被列入武汉市优秀历史建筑。

第三节　洋行建筑

美最时洋行大楼

承　　建：汉协盛营造厂
建成时间：1908 年
位　　置：一元路 2 号
文保级别：武汉市文物保护单位（1998）

汉口美最时洋行大楼为四层钢筋混凝土结构，古典主义风格，三段式构图，正面十三开间，中间的五开间凸出，两侧各有一间内凹。大楼底层由麻石砌筑，上部仿麻石饰面，每层之间皆有明显的腰线划分，檐口及女儿墙细部处理精致。大楼一层嵌有拱券式窗户，其余除四层两侧分别有一个拱券式窗户之外，均为长窗。一、二层的窗户上有锁石装饰，而在第四层的窗户上下饰以窗楣与吊穗，以达到高贵豪华、精美典雅的效果。坡屋顶上覆有红瓦，上面竖立的左右两根烟囱格外醒目。主入口设在大楼中部，拱券式大门古朴而庄重。在造型考究的门梯石雕护栏相拥下，踏上十六级麻石台阶，通过高旷的门厅，可直接进入二楼。更为瞩目的是，二、三层的中部建有通贯两层的古罗马复合式廊柱，两侧的窗间则变换为浅饰方形壁柱，并在廊柱两侧顶部建有一个平顶塔楼。这种别具匠心的设计，使建筑在庄重沉稳中具有层次变化，从而丰富了外立面的艺术感。

德国美最时洋行是一家多元化的国际服务集团，成立于 1806 年，总部设于德国不来梅。早在 1862 年，德国美最时洋行就在汉口靠近江边的德租界内开设了分公司，经营进出口业务，建有蛋厂、电灯厂和货栈，并经营保险和轮船业务。该洋行是汉口开埠后较早进入内地经商的德国公司。第一次世界大战时，汉口美最时洋行的德国人均撤离回国，财产托荷兰总领事馆代管，行址由北洋政府作为卢汉铁路局办公之用。战后，汉口美最时洋行恢复营业。

1926 年 10 月，北伐军以破竹之势攻占武汉三镇，武汉成为大革命的中心。此后，国民政府从广州北迁武汉，叱咤风云的国际名人、国民政府总顾问鲍罗廷也随政府要员来到武汉。尽管当时武汉党政机关林立，房屋紧张，国民政府还是为他专门配置了一栋住宿兼办公的大楼，对外称之为“鲍罗廷公馆”。这座公馆的所在地就是这幢精美典雅的美最时洋行大楼，因此该建筑又被称为“鲍公馆”。当时，一楼是美国新闻工作者威廉和雷纳·普罗梅主编的《国民论坛》社，鲍罗廷住楼上。抗日战争爆发后，汉口美最时洋行被迫停业。中华人民共和国成立后，大楼收归国有，现为武汉市政府办公之用。

日清洋行大楼

承　　建：汉协盛营造厂
设　　计：景明洋行
建成时间：1913 年
位　　置：沿江大道 131 号
文保级别：武汉市文物保护单位（1998）

日清洋行大楼是原日清轮船公司办公楼，楼高 36 米，钢筋混凝土结构，文艺复兴式建筑，地上五层，地下一层。底层花岗岩，转角塔楼。大楼整体呈“L”形，左侧楼体临江汉路，属古典主义建筑风格，右侧楼体临沿江大道，立面设计为帕拉第奥式建筑风格，顶上双层拜占庭穹顶。

1907 年，日清汽船株式会社成立于东京，并在上海、汉口设立分公司。其中，汉口分公司管辖宜昌、重庆、长沙、沙市、万县、常德六个办事处，被称为“日清洋行”，并很快成为与怡和、太古、招商局齐名的四大航运公司之一。2000 年，日清洋行大楼在建设江汉路步行商业街时经历整修，后被武汉好百年饭店使用。

英商保安洋行大楼

承　　建：汉协盛营造厂
设　　计：景明洋行
建成时间：1915 年
位　　置：洞庭街青岛路口
文保级别：武汉市优秀历史建筑（1993）
　　　　　武汉市文物保护单位（2011）

英商保安洋行大楼属古典主义建筑，三段式构图，与沈祝三在汉口的首部作品——平和打包厂隔路相对。

1910 年，英国保安保险公司在汉口开设保安洋行，主要经营各项保险业务，1922 年停办。

宝顺洋行大楼

承　　建：汉合顺营造厂
建成时间：1916 年
位　　置：天津路 5 号
文保级别：武汉市优秀历史建筑（2010）

宝顺洋行大楼属古典主义建筑风格，砖混结构，原为英资宝顺洋行，又名颠地洋行（Dent&Company）。平面呈“L”形，主入口设于转角处，清水红砖外墙，立面强调竖向线条，三段式构图，壁柱贯通三层，雕刻精致，砖拱木窗，三角形窗楣、门楣及露台等构件装饰精美，红瓦坡屋顶。

1861 年汉口开埠，英国首先设立宝顺洋行汉口分行，主要经营西药、杂货、布匹、茶叶、蚕丝、棉花等商品的进出口贸易，也曾经营长江航运。1916 年前后，在英租界宝顺街兴建西式办公楼。1936 年，全国新闻纸、杂志及儿童读物展览会在宝顺洋行大楼举行，展品 1.45 万种，其中外国报纸 258 种，观众逾 6 万人次，是 1861 年以来全国大型新闻展之一。展会统计时年中国报纸总计 978 家。

日信洋行大楼

承　　建：汉协盛营造厂
设　　计：景明洋行
建成时间：1917 年
位　　置：江汉路 12 号
文保级别：武汉市优秀历史建筑（1993）

汉口江汉路到江滩的转角处有两幢相邻的大楼，分别为日信洋行大楼和日清轮船公司大楼，气势恢宏，端庄典雅，与江汉关成掎角交缔之势，衬出了汉口江滩建筑的雄伟气势。日信洋行大楼为钢筋混凝土结构，楼高五层，文艺复兴式，三层以上带有半圆凸出的小阳台与长落地大窗，第五层横贯阳台和中间凸出的半圆体作十字交叉状。

日本大阪日棉于 1910 年在汉设立日信洋行，初址在汉口河街，后由于江汉路交通便利，于 1917 年迁建至此。其业务为收买中国棉花，销售日本纱布，并供应上海、青岛等地日本人开设的纱厂所需原料。日军占领武汉后，日信洋行通过商业收购、直接强占等手段替日军掠夺中国物资。大楼现为旅店和商铺。

太古洋行大楼

承　　建：魏清记营造厂
建成时间：1918 年
位　　置：沿江大道 140 号
文保级别：武汉市优秀历史建筑（2006）

太古洋行大楼属古典式建筑，具有欧洲中世纪古朴之风。外墙为红砖清水墙面，与大面积麻石形成鲜明对比。三段式构图，正立面的主入口为凸出门斗，由两根多立克圆柱支撑，门斗顶上设露台，底层、三层嵌拱券门窗。二、四层嵌四角直方窗。二层窗间以方形壁柱作装饰，四层窗间又是方形双壁柱造型，增加了建筑立面严谨的古典三段式构图效果。三层有凸出腰线，四层屋檐向外伸出。屋顶为红瓦坡顶。

英商太古洋行主要经营货轮及仓库码头业务，1872 年设立中国航业公司，开始经营长江航线。1873 年，太古洋行汉口分行成立，其在汉口沿江的码头、仓库、堆栈绵延十余里，在汉口营运的船舶前后计 24 艘，是长江航线上实力最雄厚的轮船公司。1918 年，在沿江大道现址新建办公楼。1953 年，太古洋行和太古轮船公司撤出中国大陆。

西门子洋行大楼

承　　建：汉协盛营造厂（初建）、永年营造厂（重建）
建成时间：1920 年
位　　置：中山大道 1004 号
文保级别：武汉市优秀历史建筑（1998）

西门子洋行大楼借鉴古典三段式结构，用中庭式采光天窗，大楼底层地坪全部为磨花石，底层外墙刻有“德国西门子洋行”标识。

西门子是最早进入武汉的德国企业之一，对华业务的历史可追溯至公司成立之初的 1872 年。它是最早在汉口经营电器工程材料的外资商行。1920 年左右，沈祝三的汉协盛营造厂承建该楼。1944 年 2 月，美国飞机轰炸汉口，该楼被炸毁。1946 年，永年营造厂原地原样重建了现楼。

景明洋行大楼

承　　建：汉协盛营造厂
建成时间：1921 年
位　　置：鄱阳街 43 号
文保级别：湖北省文物保护单位（2008）

景明洋行大楼为六层钢筋混凝土结构，建筑面积 3611 平方米，属古典派风格向现代派风格过渡性建筑。底层稍高，二层以上全部以柱、梁、大玻璃窗为立面，三层以上在两侧挑出多边形阳台，地板及护墙均为麻梨木，一、二层扶梯均用大理石贴面，

以上楼层为水磨石踏步，有电梯，整体给人以华丽之感。

成立于1908年的景明洋行是汉口第一家建筑设计事务所，创立人为海明斯和柏格莱，两人都毕业于英国伦敦皇家建筑学院。当时正值汉口城市建设高峰，稀缺建筑工程一类人才，汉协盛营造厂老板沈祝三资助其开设景明洋行，其工程基本都由汉协盛营造厂承建。

安利英洋行大厦

承　　建：恒记营造厂
设　　计：景明洋行
建成时间：1935 年
位　　置：四维路 11 号
文保级别：武汉市优秀历史建筑（1993）

安利英洋行大厦由恒记营造厂分两次施工，于 1935 年建成。大楼为现代派建筑，占地面积 1075 平方米，建筑面积 5822 平方米。高五层，钢筋混凝土结构，外墙贴枣色泰山面砖，内部卫生、

水电、暖气设备齐全，设有电梯，所用木料和五金材料均由国外进口。由于选址在十字路口，设计师巧妙地将大楼设计成左右对称的布局，两侧墙体紧邻马路，而大门所处位置就是整座建筑的对称轴。以红色为底色的外墙上，整齐地布满了大小规整的玻璃窗，每扇钢窗都用白色窗檐作装饰。

安利英洋行原名瑞记洋行，清末由一对英籍犹太兄弟在中国开设，专营钢铁、铜、五金、机械、电料等原材料，初设总行于上海，继而在天津、汉口等地设立分行。安利英洋行汉口分行设立于 1929 年，武汉解放后，中南军政委员会曾在此办公。中华人民共和国成立后，安利英洋行被改为胜利饭店，曾是武汉少数高档涉外宾馆之一。

北
胜利街
南
N
S

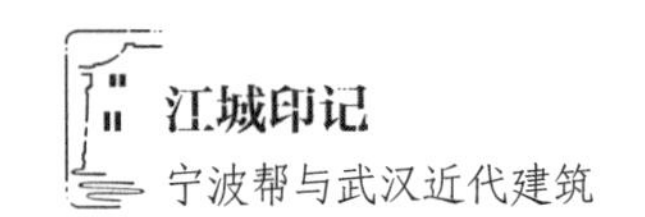

第四节　商业建筑

德明饭店

承　　建：汉合顺营造厂
建成时间：1919 年
位　　置：胜利街 245 号
文保级别：湖北省重点文物保护单位（2003）

德明饭店为砖木结构，是一座典型的法国式建筑。屋顶结构尤为别致，采用覆斗式铁皮瓦屋面，坡度很大，铁皮瓦屋面上贴沥青油毡，涂以黑色。层面上的圆形老虎窗和立面上的壁柱处理，颇具特色。大楼采用旋转门，显得豪华高雅，与外部环境相协调。还采用了落地长窗直通花园，注重采光，便于欣赏室外风光，是法国人在民居建筑上常采用的形式。

德明饭店的英文名“TERMINUS”，有“终点站”之意，音译为“德明”，含义是京汉铁路以汉口为终点，四海旅客以“德明”为“终点”。德明饭店建成后，在很长一段时间内是汉口最为高级的旅馆。美籍华人作家聂华苓在她的著作《三世三生》里写她小时候（1927 年前后）住在汉口洞庭街旧俄租界，常常从德明饭店门前经过，“进出的尽是些高鼻子蓝眼睛的洋人”。1937 年到 1938 年，西方各国的战地记者随着南京国民政府西迁，一起涌入汉口，德明饭店是他们经常活动的场所之一。1946 年上半年，中原军区武汉办事处将办公地点设在德明饭店，中共领导人周恩来、李先念、董必武等多次在此下榻。1954 年，德明饭店更名为江汉饭店，一度作为中南军区行政管理委员会驻地，先后接待过毛泽东、周恩来、邓小平等党和国家领导人，以及戴高乐、金日成、胡志明、西哈努克等外国元首和政府首脑。

新市场

承　　建：汉合顺营造厂
建成时间：1920 年
位　　置：中山大道
文保级别：武汉市优秀历史建筑（1993）

新市场（今民众乐园）属文艺复兴式建筑，由祝康城仿上海大世界设计，汉合顺营造厂于 1918 年始建，1920 年建成，占地面积 1.2 万平方米，建筑面积 17168 平方米。建筑主体四层，主入口塔楼七层，后部另有大厅、舞台和园林。

新市场原意为“推销国货，繁荣市场”。吴玉章、李立三、刘少奇、董必武、苏兆征等国共要人，以及邓演达、宋庆龄、何香凝等都在此做过演讲。民国时期，梅兰芳、尚小云、程砚秋、荀慧生等名家也曾在此演出。

南洋大楼

承　　建：汉合顺营造厂、李丽记营造厂
设　　计：景明洋行，王信伯建筑设计所（室内设计）
建成时间：1921 年
位　　置：中山大道 708 号
文保级别：全国重点文物保护单位（1996）

南洋大楼占地面积约 1000 平方米，建筑面积 7000 平方米。建筑属典型的西洋古典建筑，中间主体部位为五层，两侧局部为六层，层高达 3 米以上，檐口高 22 米，最高处达 30 米。楼顶凸出屋面有两层高，设计为尖顶与钟楼造型。屋面建有回廊、拱门和阳台。大楼一、二层为营业场所，二层以上为客房。

南洋大楼原是南洋华侨简氏兄弟所创南洋兄弟烟草公司汉口分公司的所在地。1926 年 9 月，北伐军占领汉口。同年 12 月，国民党中央党部和国民政府由广州迁到武汉，选定南洋兄弟烟草公司赠送的南洋大楼作为国民政府的办公楼。1927 年 3 月，国民党二届三中全会在这里召开。在毛泽东、宋庆龄等人的共同努力下，会议通过拥护孙中山“联俄、联共、扶助农工”三大政策，支持工人运动的决议，从而谱写了一段国共合作的光荣历史。该建筑内设有武汉国民政府旧址陈列馆。

南洋兄弟烟草有限公司

璇宫饭店与国货商场

承　　建：汉协盛营造厂、正兴隆营造厂
设　　计：景明洋行
建成时间：1931 年
位　　置：江汉路 121 号
文保级别：武汉市优秀历史建筑（1993）

1929 年，汉协盛营造厂与正兴隆营造厂一起承建的璇宫饭店与国货商场，总建筑面积 8000 平方米，由景明洋行仿照上海南

京路老永安公司设计。大楼于 1928 年开始打桩，1931 年完工，是西方古典与现代相结合的折衷主义建筑，造型活泼，五层钢筋混凝土结构，建有角塔。大楼转角处的商场门廊两侧，五层门窗附墙和顶部塔亭均以圆柱装饰，为西式古典风格，而矩形门窗修饰极少，则为现代式。饭店和商场合为一体，但统一中又有区别：饭店楼层均有临街阳台，商场二、三层没有阳台。为突出大楼两侧的商场和饭店入口，其五层处挑出吊楼式圆拱顶柱廊，使整个建筑立面的处理和修饰有方有圆，有凹有凸，不拘一格，活泼有致又颇为壮观。璇宫饭店三楼以上为凌霄游艺场，另设大门，用电梯上下，演出京剧、汉剧、楚剧、杂技、苏滩及评弹等。

1945 年抗战胜利后，中共代表周恩来、国民党代表张治中、美国代表马歇尔组成的“军事调停处”三人执行小组来武汉，选定璇宫饭店为其办公地址。1954 年，毛泽东主席在璇宫饭店会见并宴请朝鲜领导人金日成。国货商场是由宁波籍上海商人发起成立的。“九一八”事变后，日货充斥国内市场，民族工业不振。为了抵制日货，武汉中国国货公司于 1937 年底成立，是当时汉口最大的百货大楼。仅仅 10 个月后，日军占领武汉，商场停业。日本投降后，恢复营业，现为武汉中心百货（集团）股份有限公司。

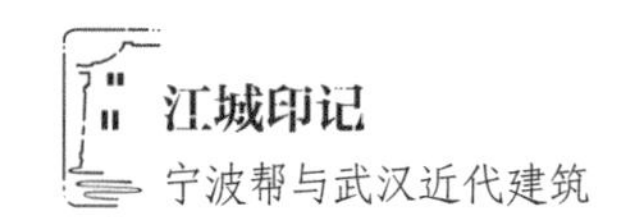

汉口共舞台

承　　建：汉合顺营造厂
建成时间：1932 年
位　　置：辅堂里

1932 年，汉合顺营造厂着手改建汉口共舞台，地址位于汉口法租界辅堂里上首。

汉口共舞台原名汉口大舞台，剧院开业之初，主要上演湖北黄陂、孝感流行的地方剧——黄孝花鼓戏，1920 年更名为共和升平楼，后又改名为汉口共舞台。场内座位 1000 余个，横向排列，有利于观众观看，是当时汉口最大的剧院。剧院曾邀请京、津、沪等地的京剧名角前来演出，使汉口共舞台逐渐成为以京剧为主，和其他各剧种进行艺术交流的演出场所，颇负盛名。中华人民共和国成立后，改名为人民剧院，是武汉重要的剧院之一。

第五节　工业建筑

汉口平和打包厂

承　　建：汉协盛营造厂
建成时间：1905 年
位　　置：青岛路 10 号—12 号
文保级别：武汉市优秀历史建筑（1993）
　　　　　武汉市文物保护单位（2011）

英商平和洋行的汉口平和打包厂是沈祝三在汉口的首部作品，为武汉早期的厂房型钢结构建筑，占地面积 5941.52 平方米，由既独立又连通的五栋楼房构成，每栋四层楼，建筑面积合计 30451 平方米。立面三段式构图，拐角处设主入口，四周外墙红砖砌筑 10 厘米厚，窗户均为拱券窗檐，窗下方装饰一段灰色水泥拉毛墙面。窗间用方壁柱分隔，里面用圆券支撑，处理手法干净简单。檐口处有精致的线脚装饰，增加了建筑的装饰性。

平和打包厂是英商在汉口旧租界内建立最早的棉花打包厂之一，专为洋行收购江汉平原的棉花，采用机械打包，从而区别于土法包装，再经长途海运至欧洲。该旧址已成为中国近代建筑史起始的重要实例之一。

汉口英商电灯公司大楼

承　　建：汉协盛营造厂
设　　计：景明洋行
建成时间：1905 年
位　　置：合作路 22 号
文保级别：武汉市优秀历史建筑（1993）
　　　　　湖北省文物保护单位（2008）

汉口英商电灯公司大楼是沈祝三以汉协盛营造厂名义承建的第一个工程。大楼为文艺复兴式建筑，三层混合结构，使用的钢制房梁由英国知名公司出品，建筑面积 2983 平方米。主楼为三层楼房，混凝土楼板，红瓦屋面，外墙仿麻石粉刷，临街拐角的三根承重柱为饰凹条的方形，其他当街立柱的上部呈圆柱形，下部亦为饰凹条的方形。半人高的女儿墙和精致的墙檐，给人以稳定又富有变化的感觉。面对合作路的三楼窗户为向外凸出的三角形，其他窗户则与墙面呈同一平面。拐角上有一钟塔，钟塔由四根只抬塔顶不近塔身的圆柱支撑，塔身下部是窗户，上部有钟面。

汉口英商电灯公司建成后，成为当时全国最大的直流发电厂，专供英租界内用电。武汉沦陷后，汉口英商电灯公司由日本华中水电株式会社强行管理，1941 年停办。中华人民共和国成立后由既济水电公司（由武汉民族工业开创者、宁波人宋炜臣创办）接管供电任务。汉口英商电灯公司在英租界内经营 35 年，是租界内存在时间最长、规模最大的电力公司。

汉口水塔

承　　建：汉协盛营造厂
设　　计：穆尔
建成时间：1909 年
位　　置：前进五路 2 附 4 号
文保级别：全国重点文物保护单位（2006）
　　　　　湖北省文物保护单位（2008）
　　　　　武汉市文物保护单位（1998）

汉口水塔主体为八卦式，塔身高 41.32 米，是汉口地标性建筑。主体六层，其西南凸出的楼梯间，上有钟楼，超出主体，为第七层。楼梯间有木制转梯，可登钟楼（瞭望台）。

1906 年，后被称为“汉口头号商人”的宁波人宋炜臣，得到张之洞支持，创办汉口既济水电公司并筹建水塔。水塔于 1909 年建成，在很长一段时期内承担着消防给水和消防瞭望的双重任务。20 世纪 80 年代初期，水塔停止供水。

DAHANKOUCHENG

汉口电话局大楼

承　　建：魏清记营造厂
设　　计：通和洋行
建成时间：1915 年
位　　置：合作路 51 号
文保级别：湖北省文物保护单位（2008）

汉口电话局大楼为四层钢筋混凝土结构，面积 9729 平方米，建有地下室，施工技术难度较高。底层仿麻石粉刷，做横向线槽。立面为富有变化的三段式结构，并保留了古希腊柱式和顶部山花的特征。上部窗间墙竖向划分。入口置于正中，使用四根立柱，分两组列于大门两侧，多立克式，但比例上更细长，顶部做有一个三角形牌面。三层设水平腰线，临街面设有挑出阳台。墙面及檐口的女儿墙富有变化。整栋大楼没有复杂的装饰，线条简洁明快，具有古典主义向现代风格过渡的特点。

武昌第一纱厂办公楼旧址

承　　建：汉协盛营造厂
设　　计：景明洋行
建成时间：1919 年
位　　置：蓝湾俊园小区内
文保级别：湖北省文物保护单位（2008）

武昌第一纱厂办公楼旧址建于 1915 年，两层砖混结构，建筑面积 3000 余平方米，属欧洲文艺复兴时期建筑风格。整体建筑构图遵从三段式处理手段，布局严格对称，中间是耸起的钟楼，两边是对称的办公楼，作为早期的工业建筑，具有较高的历史和艺术价值。

1914 年，时任汉口商务总理李紫云，邀约巨商程栋臣、程佛澜兄弟等人合股筹建武昌第一纱厂。1915 年，武昌第一纱厂（北场）破土动工，1919 年建成投产，1923 年增建南场，公司共征地 20 万平方米，设纺、织两厂，拥有纱锭 8 万枚，布机 1200 台，工人上千名。武昌第一纱厂是辛亥革命后由民族资本家创建的武汉地区第一家纺织厂，是当时华中地区规模最大的纺织厂。之后，武昌沿江一带又相继创办了裕华、震寰等纺织厂，标志着由民族资产阶级创办的武昌纺织基地形成，成为清末华中最大的纺织业中心。中华人民共和国成立后，武昌第一纱厂改为武汉市第六棉纺织厂，旧厂址被改建为蓝湾俊园小区。原办公大楼作为历史建筑保护完好。

三北轮船公司汉口分公司大楼

承　　建：汉协盛营造厂
建成时间：1922 年
位　　置：沿江大道 166 号、167 号
文保级别：武汉市优秀历史建筑（2004）

三北轮船公司汉口分公司大楼属现代主义风格建筑，但保留有古典主义的手法。主入口设在转角处，建筑平面呈三角形。两侧楼体立面以直线条为主，矩形门窗，长条形阳台，凸出的腰线

和檐线作为立面装饰。转角处是五层楼的圆形塔建筑，与两侧楼体连为一体，保留三段式构图。底层为第一段，二至四层为第二段，每层有透空廊，廊栏和落地长窗相间。檐线以上建平顶塔楼，塔顶为石砌围栏，没有常见的穹隆塔亭。

三北轮船公司成立于 1913 年，由中国近代爱国民族资本家、航运业巨子、宁波人虞洽卿独资创立。次年更名为三北轮埠股份有限公司。1915 年，三北轮埠公司汉口分公司成立，并于 1922 年在汉口沿江大道洞庭小路口新建四层办公大楼与仓库堆栈等设施。在列强林立的时代，这家民族航运公司的出现使长江航道上终于有了中国人自己的巨轮。1953 年，三北轮埠公司上海总部归入公私合营的上海轮船公司，包括武汉在内的其他城市的三北轮船分公司也退出历史舞台。

亚细亚火油公司汉口分公司旧址

承　　建：魏清记营造厂
设　　计：景明洋行
建成时间：1924 年
位　　置：沿江大道 148 号
文保级别：武汉市优秀历史建筑（1993）
　　　　　湖北省文物保护单位（2014）

汉口英商亚细亚火油公司大楼（今为临江饭店）为五层钢筋混凝土结构，典型的折衷主义风格。大楼平面为不规则四边形，沿街转角处作弧形处理，整体三段式构图。檐口挑出很深，立面建有挑出阳台，其石雕装饰十分精美。仿麻石墙面，墙角有隅石护角，造型别具一格，并使用中式纹样作为装饰。平窗下面设有风口，可以调节室内空气，人性化设计可见一斑。

亚细亚火油公司总部设于伦敦，1890 年于上海设立在华总公司，1912 年在汉口设分公司。汉口分公司经数次迁址，最后迁入亚细亚大楼。该大楼建造报价纹银40万两。魏清记营造厂在承建亚细亚火油公司大楼工程时，由于业主方在工程设计和建筑材料上的苛刻要求，浪费了不少工时和材料，为此几乎濒临破产。后来，虽然经过斡旋获得部分追补款，但魏清记营造厂的发展依然受到了一定的影响。

第六节　住宅建筑

联保里

承　　建：康生记营造厂
建成时间：1918 年
位　　置：联保里 1 号—16 号、17 号—39 号（单号）
文保级别：武汉市优秀历史建筑（2007）

联保里位于老汉口江汉路水塔后面，由上海联保水火公司出资兴建，是汉口近代最大的里分之一。联保里均为二层连排式砖木结构，全长 230 米，中间是 4 米宽的过道，共有房屋 73 栋，造价纹银 22.8 万两。二楼的窗户均设有小型阳台。从空中俯瞰，呈几何状的红色传统尖屋顶，排列井然有序，布局严谨规则。如今，融合西方建筑艺术的联保里，仍然保存较好，淡蓝色的外墙立面、红色坡顶、粗短的小烟囱、精致的小阳台，风格鲜明。

1926 年 8 月，国共合作北伐期间，董必武秘密潜入汉口联保里 4 号二楼，筹建国民党湖北省党部和汉口特别市党部，并作为内应，配合北伐军挺进武汉。著名历史学家胡绳曾两度居住在联保里，对汉口闹市的繁华印象深刻，曾以“窗外至深夜犹不绝的烦嚣的市声”来诉说自己的不适应。联保里是武汉实施老城保护性改造的试点社区。

联保里
金黎装饰
电话：85864050
13607170065
传统煎包
传统煎包
大份
小份

武汉中共中央机关旧址

承　　建：汉协盛营造厂
设　　计：石格司建筑事务所
建成时间：1919 年
位　　置：胜利街 165 号、167 号、169 号
文保级别：全国重点文物保护单位（2013）

武汉中共中央机关旧址是一栋三层砖木结构的清水红墙欧洲风格建筑，建筑面积 1140.78 平方米。坐东朝西，有两个对称的独立门廊，二、三层楼正面外墙拉毛，建有朝南马路的四个小阳台，

配上圆角雕花铸铁栏杆，四对两米多高的阳台百叶窗，引人注目。

1926 年底至 1927 年夏，大革命中心移师武汉，中共中央机关由上海迁到武汉，将中共中央秘书厅设于此。这里是中共中央政治局常委会开会和秘书厅办公的地方。陈独秀、蔡和森、瞿秋白、周恩来、毛泽东等数十位党中央重要领导人在此居住或从事过重要革命活动。在汉期间，面对大革命由高潮转向失败的严峻形势，中共中央在武汉召开了中国共产党第五次全国代表大会和八七会议，做出了发动南昌起义和秋收起义等一系列影响历史进程的重大决策，实现了由大革命失败到土地革命战争兴起的历史性转折。武汉中共中央机关旧址和原英商怡和洋行公寓、唐生智公馆旧址一起，作为武汉中共中央旧址纪念馆，向公众开放。

怡和洋行公寓

承　　建：汉协盛营造厂
设　　计：石格司建筑事务所
建成时间：1919 年
位　　置：胜利街 171 号、173 号
文保级别：武汉市优秀历史建筑（2010）

怡和洋行公寓为西式居住建筑，砖混结构，外墙由假麻石墙、清水墙和拉毛墙三种组成。房顶错落有致，造型独特，形成特色街景。

怡和洋行由两名苏格兰裔英国人威廉·渣甸（William Jardine）和詹姆士·马地臣（James Matheson）于 1832 年在广州创办。该建筑原为英商怡和洋行的高级住宅，现为中共中央机关旧址纪念馆临时陈列展厅。

同丰里

承　　建：汉协盛营造厂
设　　计：景明洋行
建成时间：1924 年

同丰里系袁心臣、陈春堂、王维周三业主出资组建，1924 年动工并建成。计沿街面甲混三层楼铺房五栋，甲砖二层楼住宅三开间房屋九栋，两开间住宅房屋十二栋，小楼房一栋，汽车房一栋。房屋外墙为甲砖清水墙，门窗楼板多系洋松木料，屋面板上铺红瓦，室内有蹲式或坐式马桶，水电设备较为齐全。

1926 年秋，国民革命军胜利攻占武汉，武汉便成为中国革命的中心。为了便于指导湖北、河南、四川、江西等省的工人运动，9 月 17 日，中华全国总工会在汉口成立全总武汉办事处，李立三任主任，刘少奇任秘书长。工人运动的不断高涨和工会组织的发展壮大，急需一批骨干力量担负组织和领导工作，次年，湖北全省总工会决定创办武汉工人运动讲习所，由刘少奇等人具体领导，共产党员许之桢任所长。工人运动讲习所先后举办两期，第一期于 1927 年 1 月开办。4 月中旬开办第二期时，所址就在汉口同丰里。授课教员有李立三、刘少奇、董必武、项英、陈潭秋、恽代英、林育南等十余人。其中，刘少奇讲授的课程为工会组织工作、工会经济问题。他所写的《工会代表会》《工会经济问题》及《工会基本组织》三本小册子，作为工运讲习所的基本教材，深受学员欢迎。经过短期训练的近 400 名工人运动讲习所学员，他们大部分被派往湖北各县市和武汉各工会担任工人运动领导工作，成为各地工会的骨干力量，对武汉工人运动的发展起了很大的促进作用。

德林公寓

承　　建：汉协盛营造厂
建成时间：1925 年
位　　置：胜利街 78 号—88 号
文保级别：第七批全国重点文物保护单位（2013）

德林公寓为一栋三层的单元连体建筑，坐南朝北，钢筋混凝土结构，共有五个单元，底层为商店，上层为公寓，是当时英租界内最豪华气派的高档公寓之一。

德林公寓由华侨王光投资兴建。1929 年 7 月，汪精卫集团在武汉背叛革命后，德林公寓因其规模大，且处于前英租界（英租

界收回后变成特三区）内，相对安全，加上德林公寓西邻江汉路，南靠汉口江滩，下楼走几步便是文青聚集地黎黄陂路，交通便利，便于疏散，被中共中央和中央军委选为秘密驻地。

1927 年，周恩来、瞿秋白、邓小平、李维汉等中共领导人在此居住。时任中共中央军委书记周恩来，白天奔波大江南北，晚上回到公寓后仍工作到深夜。7 月 25 日，周恩来在德林公寓完成南昌起义的策划、准备工作后，于 27 日到达江西南昌。1927 年夏，邓小平作为党中央秘书来到汉口，与瞿秋白、杨之华夫妇同住在德林公寓，筹备并参加了八七会议。9 月 19 日，中共中央临时政治局会议在德林公寓召开。瞿秋白、李维汉、苏兆征、任弼时、顾顺章、罗亦农共六位中央政治局委员出席会议，讨论了中央驻地迁移的问题。

珞珈山街住宅

承　　建：汉协盛营造厂
设　　计：石格司建筑事务所
建成时间：1927 年
位　　置：珞珈山街 1 号—46 号
文保级别：武汉市文物保护单位（2011）

珞珈山街住宅占地面积约 5.9 万平方米，建筑面积约 11 万平方米，其中历史建筑面积约 6.5 万平方米。珞珈山街是条长 100 多米、宽不过 20 米的小街，东临沿江大道，南起兰陵路，西至胜利街，北达黎黄陂路。街区内，法桐遮阴，十分幽静，街道两

边是清一色的两三层红色砖房，朴素淡雅。街区由英商怡和洋行于 1910 年至 1927 年投资陆续修建，怡和洋行大班杜百里主持修建，英国民居式样，略有德国风格。珞珈山街区共有 27 栋风格各异的房子，房屋底层设有汽车房、杂房和用人房等。侧面有露天台阶通往二层，二层为门厅、客厅、餐厅，三层为书房、卧房等。室内设备齐全，还建有烤火壁炉。楼与楼比邻，首与尾相连，整体呈一不等边空心三角形框架，中空处则开辟出一个特别的小型街心花园，名为珞园（也叫兰陵花园）。

掩映在树丛中的珞珈山街区在当年属于高级住宅区，汉口洋行和银行的高级职员、大商人、官员等竞相来此安家。因为它具

有很强的隐蔽性，所以也非常适合革命秘密工作。中共中央长江局暨湖北省委机关旧址就在珞园背后的珞珈山街 12 号，中共中央长江局暨中共湖北省委书记罗亦农曾居住于此，此地也成为中国共产党领导湖北秋收起义和长江流域七省革命斗争的总指挥部。珞珈山街是武汉市近代历史建筑和传统居住区风貌保存最为集中的地区之一。

珞珈山街
12
武汉市文物保护单位
中共中央長江局舊址
（一九二七年）
武汉市文物保护单位
中共中央长江局旧址
（一九二七年）
武汉市人民政府
一九八三年四月七日公布
武汉市人民政府立

▲ 中共中央长江局旧址

金城里

承　　建：汉协盛营造厂
设　　计：庄俊
建成时间：1930 年
位　　置：保华街 2 号
文保级别：武汉市优秀历史建筑（1993）

金城里为三层砖混结构单元式高档公寓里分，共九个单元。公寓式里分从立面处理到户型平面功能的组织都更具现代城市性的特征。金城里外墙面砌浅灰色假麻石，底层设置临街骑楼，二、三层有通廊式的外阳台，连续的阳台栏板形成横向的线条，并与外柱构成石质柱廊的形象，红色清水砖的住宅外墙退于其后，共同组成金城里富有层次感的城市界面。作为金城银行职员的高级住宅，其平面布置完全采用西式住宅样式，强调空间的功能性，餐厅开始独立于客厅设置，并出现了新型的生活空间，如卧室内的卫生间、浴室等。

1918 年，金城银行在汉口设立分庄，次年改组为分行。1930 年，在保华街建成银行大楼及金城里住宅。如今金城里和金城银行因其独特的城市区位条件与建筑群体关系而被改造为武汉美术馆，这也是国内第一处将近代居住类建筑改造为市级美术馆的案例。

大陆坊

承　　建：李丽记营造厂
设　　计：庄俊
建成时间：1934 年
位　　置：中山大道 912 号
文保级别：武汉市优秀历史建筑（1993）

大陆坊是大陆银行为解决职员住宿而出资兴建的。由于用地局促，庄俊在设计时采用了沿街式的总体布局，以主巷型的交通方式将公寓与临街的商住建筑分离开，并分别在南京路与扬子路口设置出入口，使主巷与城市道路相连。大陆坊临中山大道为三层钢筋混凝土建筑，位于扬子街口的转角处为四层，底层设大陆银行营业处及部分商铺，二、三层为公寓住宅，其背街处与银行大楼一巷之隔的是两层砖混结构联排西式里分，共八个单元。临街商住楼采用了典型的三段式立面，底层石材贴面，二层以上墙面为红砖清水墙，窗间壁柱粉白色，红白相间，红色的砖墙又与内部高级公寓的材质相互呼应。

大陆银行汉口分行于 1923 年 10 月设立，1934 年在南京路口修建大陆坊，约有房屋十五栋。大陆坊最初住户多为大陆银行的高级职员、军官、生意人、医生等。1938 年武汉沦陷，日本宪兵队曾居于此。如今的大陆坊为居民住宅区，其厚重的红砖墙、古朴的装饰、典雅的雕栏透出的贵族气息，仿佛仍在无声地述说往日的辉煌。

5
4
有样工坊

三元里、三多里、三有里

承　　建：汉协盛营造厂
建成时间：不详

位于京汉铁路和中山大道之间的三元里，毗邻日租界，是汉口占地面积较大的里分，分为三元南里、三元北里和三元后街。清末，著名书法家冯铸曾居住在三元里。武昌首义之后，冯铸在三元里一带设摊卖字，所得款额全部捐给革命军，黎元洪为此亲题“女士义举”匾额一块。因为三元里毗邻日租界，1928 年 8 月 28 日，300 余名日本水兵曾在三元里一带举行军事演习。对此，武汉卫戍司令部派兵监视，双方对峙部队仅一丈之隔。1941 年，日军越界拆除了三元南、北里的部分建筑，并将其分别建成国民学校和日军华中统帅公馆，只有紧邻京汉铁路边的三元里局部保存了下来。尽管如此，至 20 世纪 60 年代，三元里仍然有二层砖木结构楼房 120 多栋。

三多里共有楼房 20 多栋，位于原德租界内宝街（今五福路，即中山大道和六合路相交处），“三多”是指多福、多寿、多男。因建造武汉大学早期建筑群出现重大亏损，沈祝三将三多里和阜成砖瓦厂抵押给浙江兴业银行，共和里转售给李玉英。

三有里共楼房 30 多栋，位于华景街下首（今中山大道与解放公园路相交处），由东口出中山大道。

楚善里

承　　建：汉合顺营造厂

位　　置：胜利街西北侧，合作路与兰陵路之间

楚善里是清末修建的汉口最早的里分之一，也是有记载的汉合顺营造厂承建最早的建筑，纵横八条巷道，占地面积 6300 平方米，全部为二层砖木结构住宅，共 29 栋。

农历辛亥年（1911），为推翻清王朝，革命党人决定发动武装起义，在楚善里试炸药爆炸而导致武昌起义的发动，使得楚善里名留史册。楚善里 19 号现为辛亥革命武昌起义指挥机关旧址，28 号为湖北共进会旧址。

延庆里、延昌里等

承　　建：恒记营造厂
位　　置：胜利街和二曜小路交会处

1933 年建造的延庆里位于胜利街和二曜小路交会处，有一个巷口通往四美里，过街门楼的主巷口正对胜利街，内有 15 栋二到三层砖木楼房，主巷全长 75 米，宽 5 米，门楼上写有“民国廿二年”的字样，这是钟延生承租英商安利英洋行的土地建成里分的时间。1944 年冬天，延庆里被美军飞机炸毁了一部分，抗战胜利后修复。

延昌里坐落在汉口胜利街与扬子街交会处，内有二层砖木结构的房屋 20 栋，原名荣德里，系向天主会圣若瑟堂租用土地，采用联立成排的方式建造而成。1932 年，钟延生买下后，将其更名为延昌里。1946 年，钟延生一家就住在延昌里，出巷子口即可到扬子街上的恒记公司。

钟延生创办的恒记营造厂还营建过东山里、公兴里、宝润里等里分建筑，并参与承建了江汉村的部分工程。1930 年，营建由浙商谢有标投资的东山里，共有大小房屋 8 栋，全系砖木结构。东山里主巷靠中山大道一侧的临街房屋，其底层为商店，二、三层为住宅。整座建筑的一、二层为通阳台，三层是三间一组的阳台，顶层檐口山花装饰。外墙为假麻石粉面，屋面红瓦坡顶，立面典雅美观。主巷另一侧是联排式的带天井的石库门住宅，二层砖木结构。石库门门框两边使用简化的西方古典壁柱样式，长方

A 1933 D
民國廿二年
延慶里

形门头向外凸出，其上的几何形装饰简朴大方。民国时期，东山里 11 号开有汉口著名的东泉浴池，生意相当红火。1935 年承建的宝润里住宅与大孚银行毗连，系大孚银行为解决银行职员居住而建。宝润里地块不大，主巷分东西两侧，共有 9 栋建筑。东侧由 3 栋二层别墅式洋楼组成，为别墅型单元联排式，墙体呈曲面凸出，立面凹凸起伏，富于动感，楼内有精致的木楼梯和华美的百叶窗，为银行高层人士修建。西侧是石库门联排式住宅，带天井的双开间二层结构，一楼走道铺黑白相间水磨石，为普通员工住宅。抗日战争期间，宝润里 2 号是《大公报》的办公地，我国卓越的老一辈新闻工作者、时任《大公报》编辑主任王芸生就曾住在宝润里。

▲ 延庆里

▲ 延昌里

第七节　公共建筑

汉口美国海军青年会旧址

承　　建：康生记营造厂
建成时间：1915 年
位　　置：黎黄陂路 10 号
文保级别：武汉市文物保护单位（1998）
　　　　　湖北省文物保护单位（2008）

汉口美国海军青年会旧址为一栋四层砖木结构建筑，外墙用铁砂砖。建筑面积 1546.99 平方米，属巴洛克式建筑风格。整座建筑以中部为轴，对称布置。正立面为纵向三段式。正面五开间，两侧开间圆形凸出，各三樘木窗。正中开间为入口，有台阶直上二层。中间三开间一、二、三层都有双圆柱外廊。顶层两侧为红瓦坡面气屋，外有半圆形阳台，中间三开间为单圆柱外廊。

该建筑是当时美国海军在汉口设立的俱乐部，抗战胜利后曾为基督教青年会使用。

华商赛马公会大楼

承　　建：汉合顺营造厂
建成时间：1919 年
位　　置：汇通路 18 号
文保级别：武汉市优秀历史建筑（1993）

华商赛马公会大楼属古典主义向现代派过渡建筑，三层砖混结构，体量方正，立面简化，去除了古典装饰。

1908 年，由于华商在西商跑马场受到不公正待遇，且跑马场利润丰厚，刘歆生等人组成华商赛马公会，修建华商跑马场。

平汉铁路局大楼

承　　建：汉合顺营造厂
建成时间：1920 年
位　　置：胜利街 194 号
文保级别：湖北省文物保护单位（2008）

平汉铁路局大楼属西方近代建筑，四层砖混结构，底层为罗马式拱券敞廊，立面砖饰，工艺考究。二至三楼为长窗，中部二到三楼挑出多边形阳台，三楼的阳台设拱券门，上面饰有精美的花纹，还装有弧形门楣，两边与大楼檐口相接，自然且富于变化。

京汉铁路经历了漫长的发展历史，最早被称为芦汉铁路，后改名为平汉铁路。1909 年，平汉铁路实行自治。次年，清政府在京汉铁路的南端汉口设立了京汉铁路南局，在此设立平汉铁路管理局。武汉被日军占领后，平汉铁路管理局移至外地。抗日战争胜利后，迁回原址。

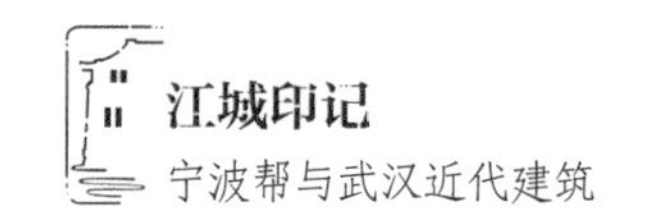

汉口总商会大楼

承　　建：汉协盛营造厂
设　　计：汉协盛营造厂
建成时间：1921 年
位　　置：中山大道 949 号
文保级别：武汉市优秀历史建筑（1993）
　　　　　湖北省级文物保护单位（2014）

汉口总商会大楼属古典主义建筑，采用典型的三段式结构，底部由花岗岩垒砌，底层做水磨石地面，二层以上为木地板，内部装修精细。外墙采用仿麻石粉刷，二层为半圆拱窗，三层设有阳台，入口仿立柱拱门式样建造，屋顶为三角形山花装饰，整体建筑端庄典雅。

1898 年,湖广总督张之洞设立商务局,辛亥革命后改组为“汉口总商会”，并集资修建会所。1919 年，募集捐款白银 91835 两，开始建造汉口总商会大楼，由汉协盛营造厂施工，1921 年元旦，大楼正式启用。抗战期间，汉口总商会是各阶层人士社会活动的重要场所。周恩来、郭沫若等亦曾在此活动。1938 年 3 月 27 日，中华全国文艺界抗敌协会在此成立，周恩来、郭沫若、茅盾、老舍等到会。

汉口华商总会大楼

承　　建：汉协盛营造厂
建成时间：1923 年
位　　置：江汉二路 157 号
文保级别：武汉市优秀历史建筑（1993）
　　　　　武汉市文物保护单位（2011）

汉口华商总会大楼坐北朝南，三层钢筋混凝土结构，立面设计采用庄重望柱、气派高门、拱券大窗、三角檐口、交错阳台，整体造型庄严生动、和谐相融。内部多用高穹阔顶、圆形顶窗、欧式壁炉、立体雕花，配以优雅的廊檐和木质扶梯。

1907年，洋行买办王柏年、欧阳会昌、刘歆生等发起组织成立汉口华商总会，作为专供洋行买办和达官贵人吃喝玩乐、交流商情的场所。1922年筹集10万银圆，请当时建设水平最高、施工力量最强的汉协盛营造厂建造了华商总会大厦。1926年国民革命军抵达武汉后，其总部借用会所办公。1945年至1947年，国民党武汉行营设置于此。武汉解放后，先后在此设立了中苏友协中南暨武汉分会、中国人民对外文化协会湖北省暨武汉分会、中国国际贸易促进会委员会武汉分会。之后，武汉钟表厂、武汉市科技情报处、武汉民族宗教事务委员会和市援藏办先后迁此办公。

办公楼

江汉关大楼

承　　建：魏清记营造厂
设　　计：景明洋行
建成时间：1924 年
位　　置：沿江大道 95 号
文保级别：第五批全国重点文物保护单位（2001）

江汉关大楼占地面积 1499 平方米，建筑面积 4009 平方米，融合了欧洲文艺复兴时期的建筑风格和英国钟楼建筑形式。立面由两部分组成，下部为主楼，高 20 米，大楼设拱门，正面与侧面的柱廊采用科林斯柱式，面对江汉路的八根廊柱高约 10 米，直径 1.5 米，柱头由忍冬草的叶片图案装饰。外墙为花岗石砌筑，造型有强烈肃穆之感。上部是高 20 米的钟楼。江汉关大楼总高 46.3 米，其中钟楼顶端高出地面 83.8 米，建成时为武汉最高建筑物，其钟声也成为汉口人永远的记忆。

江汉关大楼不仅是汉口开埠的见证，也是武汉沧桑历史的纪念碑。2001 年 6 月 25 日，江汉关大楼作为近现代重要史迹及代表性建筑，被国务院批准列入第五批全国重点文物保护单位名单。自武汉海关搬离后，江汉关大楼成为博物馆，正式对公众开放。2016 年 9 月，江汉关大楼入选“首批中国 20 世纪建筑遗产”名录。

江漢關

汉口信义公所大楼

承　　建：汉协盛营造厂
设　　计：石格司建筑事务所（德）
建成时间：1924 年
位　　置：洞庭街 77 号
文保级别：武汉市优秀历史建筑（1993）

汉口信义公所大楼属晚期古典主义建筑，原为四层旅馆式建筑，采用三段式立面，后加两层。大楼平面呈 U 字形，一层主要是营业间、公事房、餐厅及客厅，二层到六层是客房，功能划分清晰，布局合理。立面采用横向三段式构图，每段皆有明显的水

平向腰线，因此整栋建筑的主线条是水平的。大楼外墙灰色仿麻石的饰面十分庄重，窗户全部采用方形的钢窗，檐口的线条也十分简洁。

信义公所主要是为路经武汉的华中地区信义会传教士提供住宿，并为其联络和代办各项事务而设立的。公所由以美国为背景的外国传教会经营，常有外籍人士寄寓。宋美龄、蒋经国等路经武汉时曾寓居于此。该建筑现为武汉市基督教协会所在地。

汉口银行公会大楼

承　　建：汉合顺营造厂
建成时间：1926 年
位　　置：汇通路 11 号

汉口银行公会大楼为三层钢混结构欧式风格建筑，由中国银行、交通银行、浙江兴业银行、聚兴诚银行、盐业银行、金城银行、中孚银行、四明银行、上海银行、浙实银行、中实银行、大陆银行、广东银行、中南银行等十七家银行合资兴建，是在汉口银行数目不断增加，金融活跃的背景下成立的。

汉口银行公会最初起源于银行高管间的非定期聚会。1917 年 4 月，中国银行、交通银行、浙江兴业银行、华丰银行等发起“金融研究会”，此后成员规模扩大至九家。1920 年，九家银行推举代表，议定章程，报请财政部成立银行公会。同年 11 月，公会正式成立，选举中国银行汉口分行行长钱宗瀚为董事长，办公地点设在中国银行二楼。1923 年，全国银行公会第四届联合会在汉口召开，上海、天津、广州等八个商埠的银行公会代表云集汉口，并筹款建造了银行公会大楼。同年，该楼启用。不久，该建筑被征用，银行公会自此在外租房办公。

湖北省立图书馆旧址

承　　建：袁瑞泰营造厂
设　　计：沈中清、缪恩钊
建成时间：1936 年
位　　置：武珞路 45 号
文保级别：全国第七批重点文物保护单位（2013）

位于蛇山南麓的湖北省立图书馆于 1934 年 6 月开工，1936 年 9 月竣工。落成后，湖北省立图书馆从博文书院（今武昌区公安分局）搬到武昌蛇山抱冰堂下的新址。全馆正中央的历史文献楼（特藏楼），地上两层，地下一层，中部三开间凸出的主楼前廊

有四根朱红的顶檐圆柱。该楼东西长66米，中部进深20米，高155米，占地面积1450平方米，是一座中西合璧的两层钢筋混凝土结构建筑。歇山碧瓦、飞檐翘角的大屋顶，朱红的顶檐圆柱，粉假麻石的外墙，均体现了浓郁的中国传统特色。历史文献楼两旁分别建有东西两个小院，外侧是圆形拱门，内有厢房。国民政府迁往武汉后的军事委员会曾设立于此。

湖北省立图书馆始建于1904年，由张之洞创办，是我国最早建立的省级公共图书馆，被列入首批国家重点古籍保护单位。1993年，武汉市人民政府将湖北省立图书馆历史文献楼列为一级保护建筑，1995年又将该楼确定为武汉市优秀历史建筑，2002年作为近现代重要史迹及代表性建筑列入湖北省第四批文物保护单位。湖北省立图书馆新馆位于武昌沙湖南侧，在2011年交付使用，原址中的历史文献楼在2013年被公布为全国第七批重点文物保护单位，保留至今。

南湖机场指挥中心大楼

承　　建：康生记营造厂
建成时间：1936 年
位　　置：南湖宝安花园小区
文保级别：武汉市文物保护单位（2011）

南湖机场是武汉最早的机场之一。1936 年 3 月，在一片开阔、荒凉的芦苇滩上，国民政府开始兴建军用机场，并将其定名为南湖机场。南湖机场占地面积约 2.7 平方千米，建有两条跑道，

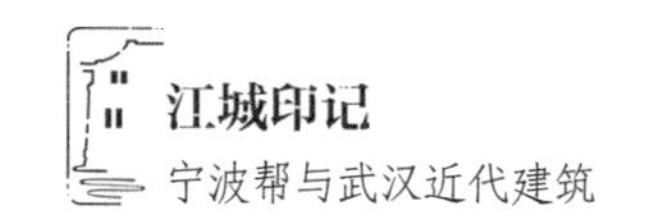

一条东西向，一条南北向。机场的指挥中心由湖北省建设厅承建，占地面积约 800 平方米。康炘生的康生记营造厂参与了机场建造工程。

机场建成后作为军事机场的指挥中心，由国民政府航空委员会空军总站管理使用。1938 年，中国空军与入侵的日本空军在武汉空域进行了多次大空战。虽然飞机性能和数量不敌日本，但年轻的中国空军不怕牺牲、英勇顽强，连续主动出击，配合地面部队沉重地打击了日军的嚣张气焰。这是中国抗日战争史乃至世界战争史上著名的空中战役之一。1938 年 10 月，武汉三镇沦陷后，南湖机场被日军用于军用飞机起降。1951 年 8 月 1 日，南湖机场作为武汉首个民用机场开始起降飞机，成为湖北省最大的民用航空港。1995 年，武汉天河国际机场建成，南湖机场宣告完成历史使命。原址被改建为住宅区，南湖飞机场指挥中心则被保留下来。

武漢
党员群众服务中心
南湖街宝安社区居民委员会
武昌区南湖街宝安社区服务站

后　记

关于宁波帮的研究大致始于20世纪初，如今已颇具成果。尤其近几年，宁波帮研究的内容更加多样，题材也更为新颖，令人愈发认识到，宁波帮不只是一个社会群体，而能从其发展脉络中映照出中国近代社会发展的历程。换句话说，对于宁波帮的研究，已超越简单的社会群体研究范畴，更是一种对于中国近代社会发展历程独特而深邃的观察与理解。

宁波帮在其活动的主要区域，如上海、武汉等，建造或设计了大量极富时代特色的建筑精品。这些“凝固的历史”不仅承载着宁波人在建筑领域的造诣，也折射出这一群体敢为人先、与时代同行的特征。谢振声老师曾任职于宁波市江北区政协，多年来致力于宁波文化历史研究，成果丰富。2020年初，新冠肺炎疫情在武汉肆虐，宁波多方力量支援武汉，众志成城，共克时艰。谢老师曾深度搜集、整理宁波人在武汉建筑领域的资料与活动轨迹，积累了大量见证两地深厚渊源的史料。为挖掘、研究、传播宁波帮参与武汉近代建筑发展的事迹与历程，宁波帮博物馆与谢老师合作出版《江城印记——宁波帮与武汉近代建筑》一书。

2020年末，为向读者呈现最新的建筑风貌，宁波帮博物馆原馆长王辉带队专程前往武汉进行建筑拍摄工作。拍摄依托于脚步对一座城市的丈量，当穿梭于武汉的市井街巷，寻找宁波人在这里留下的建筑印记，它们的数量之多、艺术之美，让人感受到视觉和心灵上的双重震撼。摄影记录下来的珍贵建筑图片，不仅成为该著作高质量成书的重要保障之一，更使宁波帮的人文内质借由影像的力量得以生动体现。触动人心的不止建筑，还有来自武汉这片土地的宁波乡音。有赖于武汉宁波经济建设促进会、武汉市宁波商会的无私支持，时间短、任务重的拍摄工作才得以顺利完成，更让我们有机会亲耳倾听各位专家、宁波帮后人讲述建筑背后的故事，在此致以最衷心的感谢！

本书分为两编，第一编讲述涉足武汉近代建筑的宁波人及其人生历程，主要为承建与设计两类，第二编则以单个建筑的形式，图文并茂，展示建筑特色、挖掘人文历史。值得一提的是，本书对部分宁波帮人士在武汉之外的人生事迹与建筑成就做了适当延伸，以期为读者呈现丰富的内容，也印证了宁波帮活动遍布全国、参与我国社会近代化发展历程的群体特征。

宁波与武汉江海相连，前有宁波帮先驱贸迁于楚浙之间，参与武汉近代工商业发展和城市化进程，今有宁波人生活、奋斗于斯，不仅在各自领域做出成绩，更情系根脉，推动家乡宁波与武汉的合作与交流，持续为家乡发展谱写新的篇章。

江海之谊，双城缘续。

编　者

2021 年 8 月

图书在版编目（CIP）数据

江城印记：宁波帮与武汉近代建筑 / 宁波帮博物馆编
. -- 宁波：宁波出版社，2021.9
ISBN 978-7-5526-4360-2

Ⅰ. ①江… Ⅱ. ①宁… Ⅲ. ①建筑史－武汉－近代－文集 Ⅳ. ①TU-092.5

中国版本图书馆 CIP 数据核字 (2021) 第 154502 号

江城印记：宁波帮与武汉近代建筑

宁波帮博物馆 编

出版发行 宁波出版社
（宁波市甬江大道1号宁波书城8号楼6楼 315040）
网 址 http://www.nbcbs.com
责任编辑 周真渝
责任校对 叶呈圆
装帧设计 王 远
印 刷 浙江海虹彩色印务有限公司
开 本 889毫米×1194毫米 1/16
印 张 15.25
字 数 220千
版 次 2021年9月第1版
2021年9月第1次印刷
标准书号 ISBN 978-7-5526-4360-2
定 价 220.00元